重塑智能时代

重塑：人工智能与智能生活

徐瑞萍　向　娟　戚　潇　著
刁生富　审

北京邮电大学出版社
www.buptpress.com

内 容 简 介

人工智能在以其强大的力量渗透融合于人类生活的方方面面，导致智能生活的产生。本书共包括三部分：第一部分是智能生活的来临，分析了人工智能的技术优势及向人类生活渗透对生活方式、生活习惯、生活环境、生活需求等方面所产生的深刻影响；第二部分是智能生活的场景，围绕"智能生活系统"而展开，"需求端＋服务端＋技术端"组成美好生活服务网络，涵盖的内容包括智能购物、智能办公、智能家居、智能穿戴、智能支付、智能机器、智能安防等场景；第三部分是智能生活的展望，包括智能时代、"无用阶级"、智能治理等，旨在阐述智能时代的人们应该如何找到自己的情感归属、如何成为有用的人、如何成为生活的主人。

本书读者对象为包括教师、行政人员、研究人员、大中专院校学生在内的对互联网、大数据、人工智能、区块链等感兴趣的广大读者。

图书在版编目(CIP)数据

重塑 ：人工智能与智能生活 / 徐瑞萍，向娟，戚潇著. -- 北京 ：北京邮电大学出版社，2020.8 (2023.8 重印)

ISBN 978-7-5635-6107-0

Ⅰ. ①重… Ⅱ. ①徐… ②向… ③戚… Ⅲ. ①人工智能—影响—生活方式 Ⅳ. ①TP18 ②C913.3

中国版本图书馆 CIP 数据核字(2020)第 112497 号

策划编辑：彭 楠 **责任编辑**：刘春棠 **封面设计**：柏拉图

出版发行：北京邮电大学出版社
社 址：北京市海淀区西土城路 10 号
邮政编码：100876
发 行 部：电话：010-62282185 传真：010-62283578
E-mail：publish@bupt.edu.cn
经 销：各地新华书店
印 刷：北京虎彩文化传播有限公司
开 本：720 mm×1 000 mm 1/16
印 张：13.75
字 数：231 千字
版 次：2020 年 8 月第 1 版
印 次：2023 年 8 月第 2 次印刷

ISBN 978-7-5635-6107-0 定价：58.00 元

前言

人类对美好生活的向往是一个永无止境的追求过程。生活，是比生存更高一层的境界，美好生活通常又与意义和价值相关。幸福感、安全感、满足感、获得感、舒适感等“五感”是人类对美好生活的本体论定义，是人类持之以恒为之奋斗的生活目标。所以，人们绝对不会放弃任何新生事物带来的时代契机，来实现他们认为有意义、有价值的生活。在人工智能时代，这样的时代契机正好摆在人们眼前，智能技术广泛普及与应用，一种新的生活方式正应景而生——智能生活。

智能生活是工业时代与信息时代的生活方式在时间轴上的延续，是智能技术对传统生活方式的重塑，“智能生活系统”将是本书立意的技术起点。它是由“需求端＋服务端＋技术端”组成的美好生活服务网络，在每个生活服务网络节点上，人们都可以通过智能生活在线系统，以自身的需求为导向，发出生活需求指令，在很短的时间内，便能获得相应的配套生活服务。

智能生活代表着一种生活理念，是人们摆脱物欲世界的一次伟大尝试，是人们走向精神自由的执着追求。本书的写作本身就是一次自由精神的探索，是智能新生活在人们精神领域的一次洗涤。在未来，智能是生活的起点，价值与意义是生活的归宿。智能技术对人类生活的重塑，正在将人类引向更高的生活层次。

本书共分为三部分：第一部分是智能生活的来临，具体内容包括催生新生活的技术力量和新生活方式的来临两章。该部分分析了人工智能的技术优势及向人类生活渗透对生活方式、生活习惯、生活环境、生活需求等方面所产生的深刻影响。

智能生活，有别于其他各种形态的生活方式，它有其独特的属性，具体包括智能化、去物质化、互动化、个性化与简便化等特征。从智能生活对人的影响来看，其价值与意义重大：智能生活是一种个性化的生活方式，人们的个性需求能够得到很好的满足；智能生活使得人们的生活水平和生活质量得到大幅度的提高；智能生活使得人们在生活中获得一种相对自由的生活环境，意味着人的解放与生活的自由。

第二部分是智能生活的场景，具体内容包括智能购物、智能办公、智能家居、智能穿戴、智能支付、智能机器、智能安防等场景。该部分的所有生活场景都是围绕“智能生活系统”而展开的，“需求端＋服务端＋技术端”组成美好生活服务网络，涵盖的内容相当广泛，智能手机（智能机器）是所有新生活场景的服务中介，智能支付又是人与人之间交易的支付手段，智能购物满足人们的基本生活需要，智能办公创新人们的工作方式，智能家居让家庭更加温馨舒适，智能穿戴刷新人们与世界互动的渠道，智能安防满足人们最基本的安全需要……所有一切，都在被“智能”所改变，人们的生活变得如此贴近人心、体察民情。

第三部分是智能生活的展望，具体内容包括智能时代、“无用阶级”、智能治理等。该部分旨在阐述智能时代的人们应该如何找到自己的情感归属、如何成为有用的人、如何成为生活的主人等。智能时代，迎接智能生活展现的是人们的一种生活态度，拥抱智能生活展现的是人们的一种生活情感，成为智能生活的主人展现的是人们的一种生活能力。人的生活与动物的生活之所以不同，原因就在于人们对于生活有判断的能力。这种判断能力会促使人们有意识地回避“动物性”的一面去生活，以一种全新的生活态度、生活情感和生活能力去认清智能生活的本质和意义，真正地成为智能生活的主人。

智能生活的来临、智能生活的场景、智能生活的展望三部分集中构成了智能生活的三个基本方面，也是本书将要探讨的基本内容。智能生活的来临、场景与展望将涵盖人们的衣、食、住、行、用、医、学等各个生活领域，大有包揽一切的势头。可见，人工智能技术正在迅速蔓延与渗透到人们生活的方方面面，每时每刻都在改变着人们对待生活的态度、行为方式和情感表达。

总的来说，本书致力于将通俗语言文本统一于严密学术逻辑，结合新时代智能新生活重构的生动实践，向大众展示"人工智能与生活深度融合"的迷人图景和惊人伟力。本书不是象牙塔里的艰深学术图书，也不是一般意义上的通俗读物，而是雅俗共赏的"软学术著作"，以期引起社会公众的兴趣和关注。本书采用的是跨学科的研究方法，分析了人工智能对社会生活的重构价值，在智能科技与生活深度融合方面的对策建议具有科学性、前瞻性和可操作性，对相关研究人员和感兴趣的读者具有重要的参考价值。

本书的出版是源于之前的拙作《重估：大数据与人的生存》《重估：人工智能与人的生存》，这两本书引起了读者较广泛的兴趣，出版四个月后即被重印。这从一个侧面反映出公众科技素养的提升和对大数据、人工智能这类事关人类生存与发展的智能技术的高度关注。本书不仅关注智能技术对生活的影响，而且关注智能技术渗透之后人们的生活状态，以及人们的本体论价值和回归生活本质的求真价值，其间蕴藏着丰富的"美好生活畅想"，有的畅想正在变成现实，有的畅想将要变成现实。

本书在写作过程中参考了大量国内外文献，在此特向有关研究者和作者致以最诚挚的感谢。

书中仍存在不足之处，敬请读者批评指正。

刁生富

2019年12月18日

目录

第一部分　智能生活的来临

第三部分　智能生活的展望

在万物智能的时代，人类情感也会随之变得智能起来。在未来，伴侣机器人不仅只是帮助人们做家务、干杂活儿，而且还有可能与人发生情感联系，甚至与人结婚。这听起来似乎很不可思议，但正在走向我们的生活，并引发新的伦理讨论。

“无用阶级”是伴随人工智能发展而出现的一个新名词，是人类展望未来社会时对被人工智能“排挤”而产生的一类特定人的称谓。无用阶级的价值何在？其生存意义又是什么？更重要的是，在人工智能时代怎样避免沦为“无用阶级”而成为有用的人？

第一部分

智能生活的来临

第一章

人工智能：催生新生活的技术力量

智能时代：正向我们走来的智能生活
生活变迁：不同时代的人类生活方式
历史必然：智能生活方式诞生的原因
深远影响：人工智能重构人类的生活
脉络分析：本书的目的、内容与结构

随着人工智能的不断发展，智能技术本身所拥有的重塑力量正在不经意间改造着人类的生产与生活。智能化与精细化的生产模式为人类提供了必要的生存资料，人类的衣、食、住、行、用都在发生智能化变化。与此同时，人类的生活也不再局限于“物质的栖居”，而是慢慢地拓展到“诗意的栖居”，一种逐渐回归精神家园的生活方式得以在充盈的物质生活以外进行无休止的延伸，一直延伸到原有生活边界以外的“远方”——美好生活。智能技术不断助力化解“人民日益增长的美好生活需要和不平衡、不充分的发展之间的矛盾”，加速了人们进一步探寻智能新生活的价值与意义的步伐。社会的深度科技化与智能技术的泛在化一直在带领我们迎接正在来临的智能生活。

一、智能时代：正向我们走来的智能生活

1956年，人工智能在世界达特茅斯会议上诞生，历经60多年风风雨雨，终于有了质的飞跃。2016年，由Google Deep Mind开发的人工智能围棋程序阿尔法狗（AlphaGo）大胜人类围棋界冠军李世石，一战成名，成为人工智能发展史上的重要里程碑。

2017年被称为人工智能“应用”元年。顾名思义，“应用”元年，就是指人工智能的落地应用全面铺开的一年。同年7月，我国印发了《新一代人工智能发展规划》，首次站在国家战略层面的高度，从指导思想、战略目标、重点任务和保障措施等方面提出面向2030年的新一代人工智能发展的战略部署，这对于借助人工智能技术推动建设科技强国、制造强国意义重大。

在国家政策的推动下，各大领军企业纷纷进军人工智能应用领域，百度的人工智能无人驾驶汽车冒着吃罚单的风险上路；阿里巴巴的达摩院宣告成立，阿里云ET大脑正式推出；腾讯驻足人工智能医疗领域，有望助力突破医疗困局。同年11月，科技部公布国内首批人工智能创新四大平台，即百度的无人驾驶、阿里的城市大脑、腾讯的医疗影像、科大讯飞的智能语音。

人工智能的发展从摘掉人类围棋界冠军头衔，到国家积极部署发展战略，再到各大领军企业投身人工智能的怀抱，足以彰显人工智能的魅力。与此同时，随着各大企业在人工智能领域的纵深发展，与之相关的人工智能产品不断涌现。智能冰箱、智能洗衣机、智能音箱、智能光照、智能床铺等智能家居产品开始走进人们的家庭日常生活；无人驾驶出行、城市智能导航等智能出行系统为人们的旅途生活带来不会迷路的愉悦感和舒适感；智能手表、智能手环、智能眼镜、智能服饰等智能穿戴设备让人们更进一步体验到生活中的智能元素；智能建筑、智能社区、智能城市与智能社会的出现让人们感受到生活环境的智能化所带来的沧桑巨变，生活环境正在变得智慧与智能，变得更懂得体贴人与关心人；智能挂号、智能就诊、智能影像等智能医疗平台为人们“寻医问药”提供了极大的便利；智能厨房、智能餐厅、智能送菜机器人等智能餐饮服务设施正在提升人们就餐的智能化水平，一改人们对餐饮生活环境的认知——美食与机器人居然也能扯上

关系。

如此种种，意味着当下的人工智能已经渗透到人们生活的各个领域，人们的衣、食、住、行、用都无一例外。2018 年的政府工作报告首次提出，要不断“发展壮大新动能……加强新一代人工智能研发应用……发展智能产业，拓展智能生活。”可见，人工智能对人类生活的影响越来越大，在人类生活中的地位也越来越高。从目前来看，人工智能对人类生活的影响主要表现在如下几个方面：第一，它在大力促进社会生产力的变革中，为人类生活提供了必要的物质生活条件，丰富了人们的精神生活；第二，它在与生活融合的过程中，改善了人类的生活环境；第三，它完善了生活基础设施，提升了人类生活的整体服务能力和水平，从而为改变人们的生活方式和生活习惯提供必要的准备条件。

2019 年 6 月，工信部向中国电信、中国移动、中国联通、中国广电发放 5G 商用牌照，我国正式步入 5G 商用元年。5G，是指第五代移动通信技术，它在传输速度上是 4G 的 40 倍，数据传输的质量也远超 4G。如今，5G 技术进入商用领域，这就意味着从技术领域谋求连接人与物、物与物的物联网技术将得到突飞猛进的发展，万物互联、万物互通、万物智能的时代正在到来。未来，随着 5G 网络的深入发展，整个人类社会将会进入一个完全智能化的新世界，人们的生活将会彻底改变。届时，人与机器的对话、机器与机器的对话将变得非常普遍，人与机器共生的时代已经不再遥远。

总的来说，人工智能与人类生活的深度交融反映的是一种人与机器共生的生活形态，智能机器的深度智能化能够帮助很多人解决生活中的问题，包括无人做家务、睡眠质量不好、生活作息不规律、家庭成员的情感连接不紧密、没时间辅导孩子做作业等。人工智能的出现恰好可以很好地解决人类生活中的这些难题，并且无怨无悔，自然而然地成为人类生活中不可缺少的“伙伴”——生活助手。

人工智能生活助手与以往的生活助手截然不同，因为它能从“发现你、认识你、尊重你与成就你”的角度“思考”问题，并在作为助手的空闲之余，以一个陪伴者的身份出现在人们身边，给人们的生活带来无限的乐趣。在陪伴过程中，人工智能甚至比你自己更懂你，更懂你的生活方式与生活习惯，只要你一声“呼喊”，它就能立即带来你想要的贴心服务。如今，在大数据、物联网、云计算、人工智能等技术的驱动下，那些曾经招致批判的“衣来伸手，饭来张口”的生活正在成为大家所期待的舒适生活的模样。

人工智能时代，一种新的生活方式正在诞生，一种触手可及的生活就在指尖，无论离你是近还是远，无论你体验到还是没有体验到，你的生活都在不断地被智能化，因为智能生活就在你身边。在不远的将来，人工智能将会像水、空气和阳光一样，成为人们生活中不可缺少的一部分。让我们面带微笑迎接智能时代的新生活吧，人工智能生活助手将助你过上美好生活。

二、生活变迁：不同时代的人类生活方式

人们日常理解的生活与学理上的生活略有差异，人们认为吃饭、穿衣、睡觉、教育、学习、旅游等就是生活，其实这些仅仅是生活的一部分，并不是生活的全部。从学理的角度来看，生活是指人们为了自由和发展所进行的各项活动，涵盖人类活动的各个方面。换言之，生活无处不在，有人即有生活。但生活也不是人类活动的全部，因为它大多数情况下不包括生存，除非得以生存就是一种最好的选择，那也可以勉强将之称为生活。

生活方式是生活的下一级概念，它反映的是生活的特征和形式，用于进一步诠释生活的内涵与本质。也就是说，人们要想知道什么是生活，大部分人要先通过认识什么是生活方式，先认识生活的表现形式，然后得到一个大家共同认可的关于生活的界定。所以，对于人类生活方式的探讨，特别是其历史变迁的重新认识，能够让大家进一步明白生活的历史形态和未来发展走向。

人类历史发展至今，大致经历了游牧时代、农业时代、工业时代、信息时代，以及今天的智能时代五个时代，每个时代的生活方式都存在差异，且随着时代的发展，差异会越来越大。这是因为，在不同的时代，社会生产力不同。社会生产力决定人们的生活方式，社会生产力也会通过生活方式表现出来。马克思认为："人们用以生产自己必需的生活资料的方式，首先取决于他们得到的现成的和需要再生产的生活资料本身的特性。这种生产方式不仅应当从它是个人肉体存在的再生产这方面来加以考察，它在更大程度上是这些个人的一定的活动方式，表现他们生活的一定形式、他们的一定的生活方式。个人怎样表现自己的生活，他们自己也就怎样。因此，他们是什么样的，这同他们的生产是一致的——既和他们生产什么一致，又和他们怎样生产一致。因而，个人是什么样的，取决于他

们进行生产的物质条件。”[①]

游牧时代，追逐食物、集体狩猎成为人们的一种生活方式，这种生活方式一直持续到农耕文明到来，时至今日也有一些地方仍可见其身影，譬如大草原上的游牧生活与美洲热带丛林的原始部落生活。游牧时代，由于人类的生产能力极低，只能依靠大自然的“恩赐”才能活下来，因此他们每天将获取食物、储存食物作为最主要的任务，也正是在这个时代，人类在生活中发展出最原始的敬畏之心——对大自然的敬畏。虽然如此，他们仍然经常受到饥饿、疾病、寒冷等的威胁，生活对于他们而言，更多的是表现在一些特定的时刻，如捕获到丰盛的食物之后。所以，游牧时代，人们的生活方式是一种围绕生存而展开的活动方式。

农业时代，“男耕女织”成为人们的一种生活方式的表现。从某种程度上说，这一时期的人们，生活方式较之于之前，已发生了很大的变化，他们已经逐渐摆脱了大自然的威胁，过上了一种悠闲自在的生活，一种集体耕种劳作的生活。在这期间，人们已经总结出一套获取食物的方法，所以他们不再需要频繁地迁徙，也不再过度焦虑食物的来源，因为勤奋劳作在绝大多数时间都会意味着丰收。熟人社会正是农业时代的产物，人们彼此协作，一个共同的生活圈子将他们紧密地联系在一起。

工业时代，人们的生活主要围绕工业活动展开。存在于人类身上的那种原始局限性激发出人类无穷的创造能力，使技术得到惊人的发展。人类在经历上千年的农业时代之后，各种新兴技术的出现带动的全球产业革命将人类从农业生活中抽离出来，开始参与到工业大生产活动中去。随着工业革命的到来，人类进入工业时代，以技术为驱动的社会生产革命颠覆了整个农业社会人们对生活的原有认知，慢节奏的生活慢慢隐去，快节奏的生活方式逐渐构成人们一致的生活体验。工业的快速发展为人类的生活提供了丰富的物质资源，人们的吃、穿、住、行、用等都得到了很好的改善。工业时代的快节奏生活在一定程度上促进了全球的城市化进程，也促使很多发展中国家快速崛起。

信息时代，人类生活跨越了时空局限。计算机的发明和人造卫星的发射标志着人类进入信息时代。信息时代的来临对人们最为直接的影响就是生活方式的改变。在信息通信技术的帮助下，人与人之间的情感交流变得更加频繁。在工业时代，城乡二元化使很多人与家人和朋友分居异地，很难相互关心和在必要的时刻

---

① 中共中央编译局.马克思恩格斯全集:第3卷[M].北京:人民出版社,1960:23-24.

提供相应的帮助，但信息时代的到来从根本上突破了人际互动的时空限制，拉近了人们之间的距离。同时，还改变了人们的购物习惯。随着信息时代的不断发展，网络购物成为人们生活的重要组成部分。如今，“网上下单、物流配送、线下收货”的购物方式逐渐替代传统的线下购物方式，为人们节约了更多的时间。此外，人们休闲娱乐的方式也在不断地被改变。信息时代，人们最大的感悟就是：“有网的地方是天堂”。在具备网络条件的地方，人们可以利用互联网开展娱乐项目，包括在线观看电影、电视剧、短视频，也可以与亲朋好友一起打游戏、线上聊天互动等。可见，信息时代，信息技术给人们的生活带来了很多便捷之处，极大地提高了人们的生活质量和生活水平。

自人类进入人工智能时代以来，人类的生活方式正在因智能而改变。智能家居技术的不断发展逐渐改变了人们的家庭生活环境；办公环境的智能化使工作逐渐成为一种自由的生活方式，正是这种极简的工作方式给人们的生活带来了很多乐趣；智能驾驶的发展为人们的出行提供了更为安全的选择方案；智能支付的发展为人们的生活购物平添无数的安全感和生活的质感，个性化的货物推荐让人们体会到了生活中被关怀的美好滋味。

总的来说，人工智能与生活的相互渗透给人们的生活带来了更多的智能产品与智能服务，以及更多智能化的生活体验，生活变得更加具有弹性和灵活性。与此同时，由于智能技术在生活中的渗透极大地降低了人们的生活成本，包括人际互动的成本、物质生产的成本，以及给予了人们更多的空闲时间、可供人们自由支配的时间等。所以，智能时代，人们更多关注与发展相关的问题，集中思考如何创造价值的问题。

从古至今，不同的历史时代一直在孕育着它那个时代特有的生活品质。游牧时代，集体狩猎的生活与游牧生活被今天的人们所向往；农业时代，集体耕种的生活与熟人社会的生活让那个时候的人们感受到了生活中的亲情与邻居的关爱；工业时代，工业生活为人们对抗自然提供了必要的物质保障，人们开始体验到一种新的生活方式——城市生活；信息时代，生活条件非常便利，人们的人际交往、生活购物、休闲娱乐等方式都在被颠覆；智能时代，生活的智能化为人们的生活带来了极大的便利，大大提升了人们对生活的“五感”。

三、历史必然：智能生活方式诞生的原因

智能生活方式是历史演进到当下的阶段性产物，它是一定的社会生产力在人们生活领域中的集中表达。这个表述似乎让人眩晕，但若将反映社会生产力的各个细分领域进行拆分，大家应该就能更好地明白其中的道理。譬如，从智能技术、新时代人的需求等维度来阐述社会生产力对智能生活方式的决定作用，大家一定能从中产生一些关于智能生活方式的看法。换言之，智能生活方式是由智能技术、新时代人的需求等方面的因素共同作用的结果，而不是个人的主观想象就能实现的生活方式。也就是说，智能生活方式的到来是客观条件与主观条件相统一的产物。

（一）智能技术塑造智能生活方式

智能技术是智能生活方式产生的客观条件。人工智能是人类智能的延伸、增强和发展，所以它本身的发展带有明显的人类智能的印记，但它从诞生的那一刻开始，就已经走向相对独立的发展道路，试图摆脱与人类的那层依附关系。正是由于这种想要"摆脱"的冲动驱使人工智能技术从"稚嫩"走向"成熟"，其应用原则与实践方法论也得到极大的完善。所以，它本身所要承载的超越人类自身的梦想得以在特定领域实现。

人工智能技术的发展成熟主要体现在如下几个方面：第一，它能够在特定的领域表现出惊人的运算能力，譬如战胜人类围棋界冠军的阿尔法狗；第二，它能够促进人与人之间的互动，智能语音、智能身份证、智能识别码等都在某种程度上减少人际互动的阻碍；第三，它能够迅速理解人类的意图，并根据自己的理解将人类的需求在物理层面实现，譬如智能工厂，只要在工厂的生产系统中输入产品模型数据，最终就会产出具有使用价值的商品。因此，智能技术的发展成熟为人们实现新的生活方式提供了必要的条件。

首先，智能技术为智能生活方式提供技术条件。技术与生活密不可分，历史地看，每一种生活方式的出现都是建立在一种新的技术支撑的基础上，智能生活

方式的出现亦是如此。智能技术为智能生活方式提供技术条件，主要表现在它为智能生活方式的出现提供必要的技术支持，并通过技术解决方案的形式出现于人们的视野之中。人们只要掌握了该种技术解决方案的运行法则和实际操作路径，就可以用它来指导自己或者其他人改造现实生活。所以，智能技术本身就兼具辅助人类认识世界和改造世界的能力，尤其是改造世界的能力特别突出，它为人们改造自身的生活环境提供了最为直接的技术力量。

其次，智能技术为智能生活方式提供物质条件。智能技术为人们带来生活方式的智能化转变，主要是通过智能技术赋能生活中的物质环境所带来的利好。譬如，智能技术赋能制造业，生活必需品的生产将会变得更加个性化与合目的性，为人们的生活提供更为舒心的智能生活必需品。智能技术赋能空调行业，生产出来的智能空调能直接与人类进行对话，并在对话中满足人类的需求，让它调高温度或者是调低温度，它都会立即执行。本质上来说，智能技术为智能生活方式提供物质条件，是以“软件赋能”和“硬件赋能”的方式实现的，它让原本在人们日常生活中出现过的软硬件设施变得更有“智慧”，变得更懂你的需求。

最后，智能技术为智能生活方式提供人才条件。智能生活方式的出现是无数人共同努力的结果，如果这群人不懂人工智能技术，智能生活方式将难以实现。值得庆幸的是，随着智能技术的不断发展，越来越多的人开始关注它、理解它和掌握它，并在实际的生活情境中去运用它，这就为智能生活方式的出现提供了必要的人才条件。

（二）新的需求催生智能生活方式

按照“痛点即需求”的原则，可以得知刺激智能生活方式出现的因素较多，且都是在生活的痛苦中所表现出来的对美好生活的期盼，“哪里有痛苦哪里就有期盼，有期盼的地方就有需求”。因此，有必要了解智能生活方式到来以前，人们都有哪些生活需求未能得到满足。

截至目前，人类的几种生活方式仍然交叉存在，各种生活方式之间并没有绝对的划分标准，所以暂且将智能时代以前的生活方式称为传统生活方式。从人类刚进入智能生活方式的初级阶段来看，人们在传统生活方式中未能得到满足的很多方面的生活需求如今依然存在。例如，在医疗领域，人们“看病就医”有困难；在消费领域，消费的后续服务链条断裂，消费者的反馈需求得不到满足；在交通领域，人们出行容易堵车，出现所谓的上下班“高峰”；在家庭中，做家务活需要耗费很多的生活时间等。如上种种，都是传统生活方式带给人们的现实困惑，也隐含着人们的迫切需求。若要得到满足，需要一种全新的问题解决思路。

需求无止境，一种需求的满足将成为另一种需求的基础。随着智能技术的不断发展，社会劳动生产效率得到很大程度的提升，原本用来生产一件商品的时间，如今可以生产更多的商品，所以人们的生存问题有了一定的技术保证。孟子在《孟子·尽心上》一书中说：“民非水火不生活”，反映的正是基本的生存需求对于人们生活的意义。但就今天而言，应该已经到“民非‘智能’不生活”的时代，换言之，如果没有智能，人们就谈不上生活。这主要是源于，在智能时代，智能技术本身的价值与优势为人们的生活带来了极大的便利，如果离开智能技术，工作、生活与学习都将受到限制。所以，人们不得不在新的时代背景下，对自己的生活提出更高的要求。

四、深远影响：人工智能重构人类的生活

随着人工智能技术的不断发展，它对人类生活各个领域的影响也越来越大，影响的程度也越来越深，影响的范围也越来越广。在智能时代大背景下，绝大多数的人类生活领域都已经被智能技术所渗透。

（一）满足生活需要

人工智能技术的发展是在以一种新的方式满足人们的生活需要。人们常说：“技术源于人类的需求和愿望。”所以，一项新技术的发明正好就表明潜藏于人们心中的某种需求和愿望变成了现实。飞机的发明是源于人们对蓝天和苍穹的向往；手机的发明是源于人们广泛的社会交往的愿望；而人工智能技术的发明是源于人们对减轻繁重劳动和摆脱孤独的需要。如此说来，人工智能技术的不断发展正在从物质与精神两个层面满足人们的需要。从物质层面来讲，以智能机器人为代表的人工智能技术正在不断代替人类从事众多繁重且危险的劳动，在极大地提高社会生产力的同时，也让人们获得了解放，拥有了更多的自由时间

和自由空间。从精神层面来说，如今的智能服务产品正在以各种各样的方式促进人与人、人与物之间的连接，从而提高了人与人之间、人与物之间互动的条件，粉碎了留存于人们生活之中的“孤独”。因此，人工智能对人类生活的影响，其满足人类物质生活和精神生活需要的能力，恰好就是它对人们的美好生活愿望的最大满足。

（二）改变生活方式

人工智能对人类生活的影响主要表现在改变人们的生活方式上。在医疗领域，它让人们可以享受到更加精准的医疗服务，传统“寻医问药”的方式得到极大的改善，目前人工智能技术已被广泛应用于医疗领域，各种智能医疗器械正在改变传统的医疗方式，“预防为主”“治疗为辅”的医疗模式正在深入人心；在交通领域，无人驾驶汽车上路正在促使人类出行方式发生变革，人类驾驶员已经开始呈现退出历史舞台的趋势，过去那些因为人为失误所致的交通事故，在智能时代将会因为人类驾驶员被无人驾驶汽车所取代而减少；在社会交往领域，智能社交软件层出不穷，智能视频、脸书、微信视频电话、游戏社交、智能社区等多种形式的社交平台与社交渠道应运而生，使得人与人之间社会交往的需要得到了极大的满足，社会交往也不再局限于特定的时间和空间范围之内；在教育与学习领域，人工智能技术与教育、学习结合，催生的教育革命与学习革命正在改变传统教育者的主体地位，受教育对象的主体地位逐渐被凸显出来，教师的教育方式与学生的学习方式都已被改变……由此可知，人工智能技术正在出行、就医、教育、学习、社交、购物等领域改变人们的生活方式。

（三）重塑生活习惯

人工智能向人类生活的各个领域渗透，一个最为重要的影响便是重塑了人类的生活习惯。生活习惯往往与人们的日常生活紧密相关，一项新技术的发明之所以能够广受人们的欢迎和喜爱，原因就在于它在某种程度上改变了人类的生活习惯。遥想黑白电视盛行之初，那些先买电视人家的客厅总能在休闲时刻挤满客人。久而久之，看电视变成了人们的一种生活习惯。哪怕后来，电视走入千家万户，人们的这个习惯也没有改变，反而有被加强的趋势。同样的道理，人工智能时代也一样，各式各样的智能生活产品不断地涌入人们的生活领域，由于新的智能技术产品具有巨大的服务优势，人们使用之后对它的正面评价远高于传统的服务产品，久而久之，智能生活产品便成为人们生活的主要服务提供者。长此以往，人们与人工智能服务产品的默契逐渐增长，也就习惯了这样一种新的生活方式，传统的生活习惯也就被新的生活服务产品重塑。如今，生活处处是智能，尤其是智能手机，更是扮演了人类的“好伙伴”的角色，出门购物、社会交往、游戏娱乐、工作学习等，都少不了智能手机的参与。由此可见，智能手机正在成为重塑人们生活习惯的最大助推器。

（四）重构生活环境

人工智能对人类生活环境的重构主要是对人类生活的建筑物、公园、绿地、服务设施等生活领域的重构。从分类学意义上来看，人工智能对人类生活环境的重构具体包括居室环境、院落环境、村落环境、城市环境、休息环境、劳动环境、学习环境、工作环境、旅游环境等方面。从空间形态来看，人工智能对人类生活环境的重构具体包括对物理生活环境的重构和对网络生活环境的重构等。人工智能对人类生活环境的重构，无论是从哪个维度来划分，都是在将其向更为积极的方面去引导。譬如，在智能家居环境方面，由于智能技术的嵌入，所有的家庭设施变得能够理解人类，并能够按照人类的需求提供相应的服务，空调、冰箱、洗衣机、厨房、沙发、扫地机器人、机器人管家等都开始变得能够善解人意、读懂人心，家庭环境因为智能而变得温馨。

五、脉络分析：本书的写作目的、内容与结构

人类对美好生活的向往是一个永无止境的过程。生活是比生存更高一层的境界，美好生活通常又与意义和价值相关。幸福感、安全感、满足感、获得感、舒适感等“五感”是人类对美好生活的本体论定义，是人类持之以恒为之奋斗的生活目标。所以，人们绝对不会放弃任何新生事物带来的时代机遇，来实现他们认为有意义、有价值的生活。人工智能时代，这样的时代机遇正好摆在人们眼前，智能技术广泛普及与应用，一种新的生活方式正应景而生——智能生活。

智能生活是工业时代与信息时代的生活方式在时间轴上的延续，是智能技术对传统生活方式的重塑，“智能生活系统”将是本书立意的技术起点。它是由“需求端＋服务端＋技术端”组成的美好生活服务网络，在每个生活服务网络节点上，人们都可以通过智能生活在线系统，以自身的需求为导向，发出生活需求指令，在很短的时间内，便能获得相应的生活配套服务。

智能生活代表着一种生活理念，是人们摆脱物欲世界的一次伟大尝试，是人们走向精神自由的执着追求。本书的写作目的本身就是一次自由精神的探索，是智能生活在人们精神领域中的一次洗涤。未来，智能是生活的起点，价值与意义是生活的归宿。智能技术对人类生活的重塑正在将人类引向更高的生活层次。

本书共分为三部分（如图 1-1 所示）：第一部分是智能生活的来临，具体内容包括催生新生活的技术力量、新生活方式的来临两章；第二部分是智能生活的场景，具体内容包括智能购物、智能办公、智能家居、智能穿戴、智能支付、智能机器、智能安防等；第三部分是智能生活的展望，具体内容包括智能时代、“无用阶级”、智能治理等，旨在阐述智能时代的人们应该如何找到自己的情感归属、如何成为有用的人、如何成为生活的主人等。如上三部分构成智能生活的基本方面，也是本书将要探讨的基本内容，涵盖人们的衣、食、住、行、用、医、学等生活领域，大有包揽一切生活的势头。可见，人工智能技术正迅速蔓延与渗透到人们生活的方方面面，无时无刻不在改变着人们的生活态度、行为方式和情感表达。

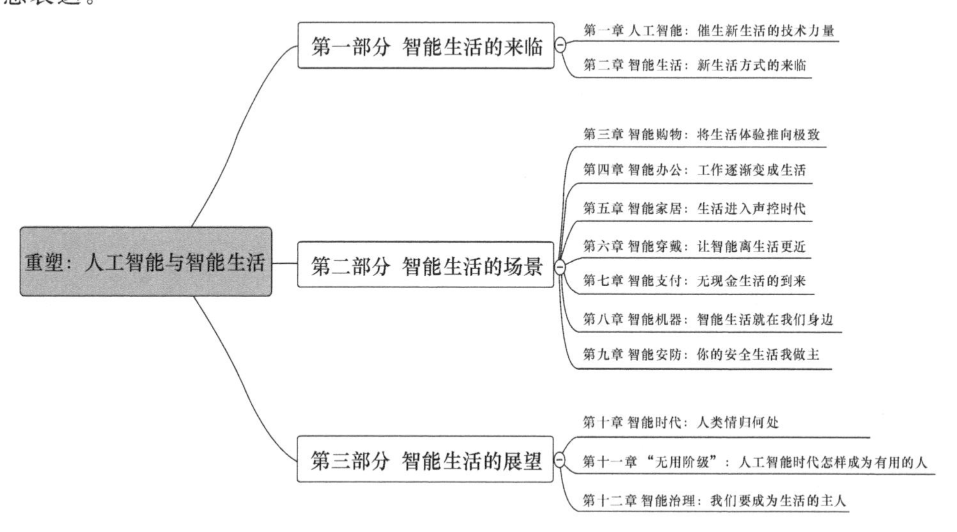

图 1-1　本书的内容与结构

本书致力于将通俗语言文本统一于严密学术逻辑，结合新时代智能生活重构的生动实践，向大众展示“人工智能与生活深度融合”的迷人图景和惊人伟力。它不是象牙塔里的艰深学术图书，也不是一般意义上的通俗读物，而是雅俗共赏的“软学术著作”，以期引起社会公众的兴趣和关注。本书采用的是跨学科的研究方法，分析了人工智能对社会生活的重构价值，提出了在智能科技与生活深度融合方面的对策和建议。这些对策和建议具有一定的科学性、前瞻性和可操作性，希望对相关研究人员和感兴趣的读者具有参考价值。

第二章

智能生活：新生活方式的来临

生活拐点：一种智能化的生活方式
“新”之所在：智能生活的五大特征
新的意义：个性化需求的满足与人的解放
深挖本质：迎接美好的生活状态

智能时代，以人工智能技术为代表的智能技术不断渗透于生活的方方面面，越来越多的智能生活产品和服务不断涌现，为人们改变自己的生活方式提供了技术契机和智能环境。为了能够更为清晰地认识智能时代的生活方式，需要进一步了解智能生活的概念、特征、本质和价值。这对于我们顺利融入智能生活，具有十分重要的现实意义。

一、生活拐点：一种智能化的生活方式

人工智能是人类智能的模仿、延伸和增强——它模仿的是人类的语言表达、行为方式与思维模式，延伸的是人类自身的优势与能力，增强的是人类的精神意志与对局限的超越。人工智能是一项综合性的技术，它是众多技术领域发展成熟后，将各种技术集结、组装、整合起来的智能有机整体，无论是在性能上还是在运行效率上，都具有能与人类本身相媲美的“智慧”，因为它就是人类智能在技术领域的完美化身。

千百年来，关于人类发明的技术和机器，人们始终想要在其中表达一种特殊的人类情感：或者是指望它能成为我们的伴侣，或者是成为我们的工作助手，或者是成为我们的智慧导师，或者是成为我们的情感共鸣者和精神共鸣者……

从心理学上讲，无论你所认为的机器在你的心中扮演的是哪种角色，它都在直接或间接地反映出你对自身以外的事物的一种依赖心理。如果从整个人类的角度来看，它反映的是人类对大自然与社会的依赖关系。早在公元前328年，亚里士多德就说过：“人在本质上是社会性动物；那些生来就缺乏社会性的个体，要么是低级动物，要么就是超人。社会实际上是先于个体而存在的。不能在社会中生活的个体，或者因为自我满足而无须参与社会生活的个体，不是野兽就是上帝。”[①] 这样看来，那种“离群索居”的生活并不为人称赞，也不被人们所期待。相反，大家由衷地希望能参与到一种集体化的社会生活中，才能在彼此的互助中超越自己，从而战胜孤独。

如此说来，人工智能的发展成熟不仅与人类本身的“惰性”和“局限性”有关，还直接与人类本身的社会属性有关。回归到生活领域，这或许就能解释为什么早在远古时代，人们就已经过上集体生活：一方面是这种生活方式能够让他们生存下来，另一方面是这种生活方式暗含着早期人类的社会需求。但这又与人工智能有什么相关呢？又与今天人们的生活有什么相关呢？或许，在回答完智能机器人为什么会越来越像人而不是像其他的动物这个问题时，大家就能明白其中的

① 埃利奥特·阿伦森.社会性动物[M].邢占军，译.上海：华东师范大学出版社，2001：579.

道理了。其实，道理很简单，就是人们一直尝试着在“被自己对象化了的世界里寻找一种与本身相似的东西”，并赋予其人的体态、样貌，还试图从中获得个体本身所不具备的与外界相连接的记忆和能力。而如今的人工智能恰好在人们的生活中扮演着这样的一种角色，它的发展成熟意味着将会以新的方式融入人们的社会生活中去。

那么，人工智能与人们的生活又是怎样的关系呢？我们需要首先认识生活的缘起与存在之目的。从本体论来看，生活是人类永恒的主题，每时每刻都值得人们为之深思，它蕴含着人们生存哲学的价值底蕴，承载着整个人类对历史中那份最为远古的记忆——关于生命的沉思。

自古以来，人类的一切活动都是在围绕着生活而展开的，而人们常谈及的技术便是这“一切活动”的现实产物，它无时无刻不在教导着人们，告诉他们应该如何生活，以怎样的方式才能生活得更好。诚然，现存的人们已经在技术的展现中渐渐地实现了自身的生活和发展。因为技术的存在本身就一直在以一种独特的方式传递着人类对生活的渴望和对未来美好生活的愿景，它已经成为我们生活中不可分割的一部分。

如今，人类已步入人工智能时代，以智能技术为代表的新一代信息技术正在向人类生活的方方面面渗透和蔓延，同时也意味着人类将在这个技术发展的“拐点”处迎来生活的大转机——新的“生活拐点”的到来。在这个“生活拐点”上，人类将彻底从简单重复的“线性劳动”中解放出来，获得更多可支配的自由时间，人们将会有更多的时间和精力投身于符合社会道德和主体精神的潜在需要的活动中。所以，当今的智能技术正在以“颠覆与重构”的方式，改变着人们对生活的历史性理解，将人们带入生活的另一个时代——“智能生活”时代。

今天，人们生活在一个以万物智能化为特征的时代，这无疑给人们提供了一次重新认识现如今的这种生活方式的契机，因为人工智能就在人们的日常生活中，却未曾被大家发现或者未被描述出来。换言之，智能生活究竟是什么呢？

智能生活是一种智能化的生活方式，包括以人工智能为基础的智能化生活服务，以舒适、便捷为条件的智能化生活理念，以精神享受为主的智能化生活态度。从目前来看，智能技术的多空间泛在已经在很大程度上打破了智能生活的时空界限。所以，从智能生活本身来说，它的存在兼具自由和无边界的存在属性。但值得注意的是，要想全面理解智能生活的概念，还需要厘清概念本身所要强调的重点，如果偏向于强调智能生活中的“智能”，那就很容易误导人们将身边的智能事实等同于智能生活，如智能家居、智能穿戴、智能手机、智能医疗、智能购物等。事实上，这些并不是智能生活，它们的存在只是成为智能生活中“智能”的部分，而不是“生活”的核心部分。

换言之，这些客观上存在的智能事实并不是智能生活概念的核心内容，而只能算作是用来表征智能生活的一种方式，统归于智能生活的技术设施。也就是说，发生在人们身边的智能事实是为人们真正过上智能生活而提供服务的。所以，关于智能生活的真正理解需要回归到“生活”层面，回归到生活主体的需求与体验的维度来探讨。

今天，人们的需求与智能技术相互融合的情形已经较为普遍，技术嵌套进入人的生活需求，自然能够在生活情境中直抵人们最柔软和最细腻的情感体验舒适区，从而重新激发出人们对生活的极大热情。所以，从这个层面来说，智能生活是在智能技术的衬托之下，人们所显现出来的一种对新的生活方式的炽热情感、积极态度与合时宜的能力。

此外，我们还可以从智能生活与“传统生活”的区别中找到关于智能生活的内涵的新内容。传统生活是指存在于智能生活之前的生活方式的总称，它们并非与现有的智能生活相对立。但值得注意的是，在现有的生活方式中，包含着传统生活所不具有的内容。当下，智能生活无疑已成为大多数人认可的生活方式，这也就间接地告诉人们，传统生活正在消亡。那么，其消亡的原因何在呢？原因主要在于传统生活方式在大多数时间都停留于物质领域，它遮蔽了人们生活的需求属性，大部分人因为这种生活方式变得越来越迷茫与焦虑。

相比较而言，过去的那种生活方式之所以会被边缘化，主要还是因为那种生活方式担负了过多的“生活任务”，耗费了过多的生活时间，破坏了人类生活本来的“纯正”，导致人们错误地把“生活任务”当作生活本身。久而久之，人们便形成一种对生活的放任态度，任其自由发展，直至所有的人都将生活任务当成了生活的内容。

然而，值得庆幸的是，并不是所有的人都会“盲目从众”，因为总会有那么一些人喜欢仔细地琢磨明天的样子。正是在这个过程中，人工智能革命的导火索彻底地将人们对传统生活的“盲目”炸得粉碎。随着社会劳动生产能力的迅速提高，丰富的物质将人们从生存劳动中解放出来，解放了人类的双手和大脑，为人们提供了更多认清生活任务与生活本身相区别的时间，并使人们在理智的支配下重新回归到生存活动以外的生活世界。所以，智能生活能使人体会到极大的自由与愉悦。

二、“新”之所在：智能生活的五大特征

从前文对智能生活概念的探讨，大致能总结出它具有智能化、去物质化、互动化、个性化、简便化等五大特征。从严格意义上来说，这些特征就是智能生活区别于传统生活方式的“新”之所在。

智能化。智能技术是智能生活的“智”的源泉，顾名思义，智能化自然是智能生活最基本的特征。智能化是指某个事物在物联网、大数据、云计算、区块链、人工智能等技术的支撑下，达到能够“能动”地满足人类需求的过程。从哲学层面来说，能动是指人的主观能动性，是人在活动过程中所表现出来的自觉、自主的状态。因此，智能生活的智能化特征是指，在人们的生活中，存在某种事物能够能动地为他们提供服务，且这种服务行为本身不会表现出人的强制性和命令性，而是表现为一种自觉、自主的服务过程。比如，智能家居领域的智能空调，它能够根据主人的需要，自觉、自主地调整到合适的温度。再如，智能交通领域的无人驾驶汽车，它能根据乘客的反馈数据，按照它自己的“想法”实现乘客的目的，乘客只要告诉它想要去哪里，接下来的时间，乘客就可以自己安排。智能生活中，能够反映它的智能化特征的例子比比皆是，只要稍微留心，你就能发现我们身边数不胜数的例子。

去物质化。相比于智能生活的智能化特征，去物质化特征更为抽象一些，这是由于人们很容易将“去”等同于“离开”的常识性思维所致。因为人们的生活不可能离开物质，所以去物质化的概念容易导致人们的认知负荷。因此，有必要了解一下智能生活的去物质化特征的概念。去物质化是指人们在生活中为了实现一定的生活目的所用到的物理物质越来越少。智能生活的去物质化可以从两个层面来理解：一是物质方面的去物质化。当下的智能支付就是一个很好的例子，在整个支付系统中，人们的商品交换活动的中介已经实现了从传统的贝壳、金属货币、纸币等物质形态的货币过渡到当下的电子虚拟货币，货币变成了数字，而不

再表现为物质形态。二是成本层面的去物质化。在智能技术高度发展的当下，很多领域已经开始出现“零边际成本”的服务，相较于传统的那种需要耗费过多的“人、财、物”的服务，此种生活服务在成本方面表现为去物质化的特征。譬如，相隔千里的亲朋好友如今想要面对面聊天，只需要一个视频电话即可。但在传统的生活方式中，此种福利需要耗费太多的物质成本。

互动化。智能生活的互动化特征是指人与人、人与物之间的沟通属性，事实上反映的是在智能技术的支撑下人们之间相互连接的日益增强。19 世纪末期，德国社会学家齐美尔关注到一个普遍的社会现象，人与人之间因为“中间组织”的缺失而导致社会原子化的出现，也就是齐美尔所说的原子社会。很显然，这样的社会并不是人们所期待的生活环境，所幸在当下的智能生活时代，快速发展的智能技术弥补了这个“中间组织”的空缺，让人们生活在一个相互之间可以广泛借助智能技术实现超时空互动的社会。所谓的中间组织，通俗地讲，就是指人与“他者”之间互动的桥梁。换言之，在智能生活时代，人与“他者”之间的沟通互动已超越了时空局限，走向了自由互动的生活时代。譬如，在智能购物的生活场景中，消费者可以随时随地与销售方反馈消费数据以及新的消费需求，并能在第一时间得到人工智能客服或者是人工客服的积极回应。以科大讯飞的智能语音助手为例，它凭借强大的语音转换技术，能够实时为对话双方提供相应的母语信息，可以极大地减少跨国交流与学习的障碍，使得人们之间的沟通互动范围得到扩大。

个性化。智能生活的个性化特征是指人们的生活需求能够得到个性化满足。智能生活的个性化在智能生活服务领域表现为定制化。随着智能生活服务行业的不断发展，不同的智能生活服务商开始建立起一整套熟悉用户的规则系统，并借之以提供个性化定制的产品，让用户体验到成为“上帝”般的个性化体验。譬如，博世公司可更换颜色的 Bosch Vario Style 系列冰箱、LG 公司的 Thin Q Fit，以及三星公司的 Air Dresser 落地穿衣镜等个性化生活产品，都在以不同的方式展现出对消费者的个性化关注。反过来看，在智能生活服务产品个性化定制的服务环境中，人们便可以此为依托实现生活的个性化。也就是说，人们可以将生活变成自己想要的样子，个人生活喜好、生活空间、生活习惯等都将得到个性化的实现。

简便化。智能生活的简便化特征是指智能生活是一种“直抵生活目的”的生活方式。这种生活方式正如梁冬在《睡眠平安》中所说：“生活本身就是生活，而不是为生活做准备。”因为智能技术深度融入生活，让人们的很多生活准备环节的工作都被智能机器所取代，所以人们不至于会因为自己的“亲力亲为”而迷失在生活的准备中。当然，有一种情况除外，那就是有些人本身就是把生活的准备环节当作生活的一部分，与传统的生活方式不一样的是，即便例外的情况出现，人们也多了一种对生活选择的权利。言外之意就是，在智能生活的时代，人们可以凭借购买智能中介服务的方式，使得人们在日常生活中可以“直奔”生活的目的而去，而不再为繁杂的生活准备环节付出很多不必要的时间。因此，智能生活体现出一种简单和便捷的特征，这就是生活的简便性。正所谓：“生活，越简单越好。”

三、新的意义：个性化需求的满足与人的解放

智能生活的价值与优势表现为智能生活对人的需求的满足程度。更直观地说，是表现为智能技术对人的生活的积极影响，也可以说是智能生活相较于传统生活所表现出来的优势与长处。智能生活的价值与优势主要表现在三个层面：一是人的需求的满足层面；二是智能技术给人们的生活带来的积极影响层面；三是拥抱智能生活与不拥抱智能生活的区别层面。

从人的需求层面来讲，智能生活的价值主要以需求的个性化关照的方式呈现出来。在传统的生活方式中，由于个性化生活服务的成本过高，人们的生活需求只能在“规模化生产”的社会大背景下成为被安排的对象。所以，整体来说，在这个时期，人们的生活需求的满足主要是以销售商为主——“不是看你需要什么，而是要看销售商能够给出怎样的生活服务。”但是，随着人工智能技术融入生活领域，这种状态逐渐被打破，并出现了历史性的生活服务转向，从“以销售者为中心”转向“以顾客为中心”。也就是说，对于传统的生活服务，服务商虽然提出“顾客就是上帝”的服务理念，但未必在各方面都能做到，因为有客观条件的限制。

然而，这种状态当下正在被改变，服务逐渐可以被个性化定制，甚至成为一种商品。2018 年下半年，百需公司在广州推出了一个人工智能百需平台。在这个平台上，人们可以发布需求，然后不同的商家就会根据你的需求，主动与你洽

谈如何合作。换言之，就是如何才能在保证低价的情况下，提供一种能够使你满意的个性化服务。最后，虽然这家公司没能存活下来，但却能在很多企业中找到这种需求服务的思想的身影。比如，百应科技有限公司（百应），它的服务便是基于这样一种服务理念，有需求就有回应，还能做到个性化的回应。百应的智能服务以人工智能技术为支持，专门为有需要的政府、企业与个人提供定制化服务，随时响应消费者的需求。这从一个侧面间接地反映了智能生活的人的个性化需求受到越来越多的重视。更有甚者，不重视消费者个性化需求的企业基本已经面临淘汰。

在智能生活中，人们的个性化需求成为一种商品，商家反倒需要调整营销策略，去适应消费者的需求，从而以“低价高质”的方式帮助消费者满足消费的欲望。可见，智能生活的到来，其实是在推进实施个性化需求满足的智能生活服务的过程中，也在直接或者间接地助力企业转型升级，能够抓住机遇的企业才能迅速发展壮大。或许，这是一个新的创富机遇，创业一族应该予以积极关注。智能家居产业、智能穿戴产业、智能医疗产业、智能教育产业、智能驾驶产业、智能机器人产业等，都将在智能生活时代人们的个性化需求中成长起来。

从智能技术给人们的生活带来的积极影响层面来讲，主要表现为智能生活服务给各年龄阶段的人们带来的极致的便利服务，对于改善人们的生活质量和生活水平具有积极影响。从老年人群体来看，智能生活环境对于他们而言，有较大的益处。一方面，智能生活服务产品能够辅助他们完成一些高难度的家务杂活，以便于他们能够更好地生活；另一方面，他们可以借助智能穿戴设备，更好地监控自己的身体健康数据，能够有效地帮助他们护理身体与预防相关疾病，从而形成“以预防为主”的健康生活理念，可以减少很多他们对于疾病的焦虑感。此外，还可以借助智能生活服务设备，满足情感慰藉的需求服务。目前，很多老年社区服务站都在积极开展老年教育项目，教老年人怎么使用智能手机。老年人以此为媒介，通过建立广泛的正式与非正式人际支持网络，丰富他们的闲暇生活。

从上班族的角度来看，智能化的办公形式让他们的工作变得更自由、更有人情味。从传统办公到智能办公的模式转变，体现的是一种生活、工作与客户相连接的生态办公服务体系，从而产生一种更大的办公价值。一方面，这种办公方式让上班一族感受自由的存在，这种自由主要表现为上班空间上的自由，换言之，就是办公地点的不固定性，或许是在咖啡厅，或许是在自己的家里。另一方面，这种办公方式使得办公团队成员间的协作与沟通更加高效，有利于一个团队创造出更大的工作价值。与此同时，还有利于他们更好地关注服务对象的生活需求，从而通过链接资源的方式，直接或者间接地为服务对象的生活提供必要的帮助。

从学生的角度来看，智能技术为他们带来了学习的乐趣。智能技术与教育的融合促使教育的“中心转向”，学生的个性化学习需求得到有效回应，学生的学习生活变得丰富多彩。首先，智能技术进驻校园，为学生的学习注入了硬件层面的“活的灵魂”，学习设备开始变得具有智慧，能够帮助学生“查缺补漏”，也能够有效引导和帮助学生实现全面发展，减少了很多传统学习生活环境中学生所要面临的学习焦虑；其次，智能技术融入学生的学习生活，能够帮助学生挖掘潜能，并培养学生“乐于学习”的习惯，这主要得益于智能数据模型，它能够根据学生的兴趣爱好，设计一种仅适用于某个具体学生的学习方式，使学生能在学习生活中感受到学习的快乐；最后，智能技术还能给学生带来丰富多样的学习课程，那种传统的、单调乏味的教学模式正在宣告终结，学生的学习生活的美好体验感得到不断的提升，学生可以在看电影的过程中学习，可以在 AR/VR 中学习，也可以在玩手机的过程中学习。

智能生活对于人们的价值还表现在拥抱智能生活与不拥抱智能生活的区别之中。自古以来，在面对新事物的时候，人们一般会分成两派：一种是支持和拥抱，另一种是置之不理。在智能生活时代，也是如此。不过，在智能时代，无论你选择何种态度去对待生活，都已经成为智能生活的一部分，因为智能生活的整体价值让你无法拒绝。

总之，智能生活的价值主要体现在三个方面：一是智能生活是一种个性化的生活方式，人们的个性需求能够得到很好的满足；二是人们的生活水平和生活质量能够得到大幅度提高；三是人们在生活中获得一种相对自由的生活环境，意味着人的解放与生活的自由。

如今，智能生活已经渗透进入人们的衣、食、住、行、用、医等各领域，穿衣更加时尚，饮食更加健康，住房更加舒适，用品更加贴心，就医更加便捷……人们对生活有了更多的期待。曾经，老百姓只能在科幻电影中看到的生活方式，如今却就在大家的身边，而且来得如此之迅速。

四、深挖本质：迎接美好的生活状态

虽然大家共同生活在智能环境下，但每个人对于这种生活方式的体验会存在差异。对于老人而言，他们更多的是感叹生活变迁的迅速程度，很多时候更多的是一种赞叹。而对于其他年龄层的人而言，自然又是另外一种体验。这些各自的体验便构成了人们对智能生活的总的体验。在人工智能第三次崛起之初，其对生活的影响就已经开始，由于技术的普及有限，或者是关于技术的应用还停留在较小的范围内，人们对于智能生活的感悟还不是很深。但是，已经有研究机构将这个已然存在于人们身边的生活事实进行了专门的研究。

早在2016年，斯坦福大学就已经成立了专门的研究小组，针对人工智能影响人类生活的现象进行了广泛研究，最终以报告《2030年的人工智能与生活》[①]的方式将研究结果公布于世。该报告主要聚焦于交通（transportation）、医疗（healthcare）、教育（education）、低资源社区（low-resource communities）、公共安全（public safety and security）、就业和工作场所（employment and workplace）、家庭/服务机器人（home/service robots）和娱乐（entertainment）等8个领域，以及这些领域在人工智能影响下人们生活方式的变化。最终，报告得出的结论是："在现实中，人工智能已经在改变我们的日常生活了，而且基本上都是在改善人类健康、安全和提升生产力等好的方面……它们更大的可能性是让驾驶更安全、帮助孩子学习、扩展及增强人类生活的能力。这些人工智能应用将帮助监控人们的生活状态、警告人们前面的风险，以及提供人们想要的或需要的生活服务。"

如今，那些早在2016年就已发生在人们生活中的智能化以及人们寄托于明天的那种对美好生活的向往，在今天依然还在继续。我们先来看看华为的生活体验馆与苏宁极物对智能生活的诠释，或许智能生活的本质于你而言，也就清晰明了了。

---

① 斯坦福大学. 斯坦福重磅报告：2030年的人工智能与生活 PDF[R/OL]. https://www.jiumodiary.com/.

华为智能生活体验馆是由物联网和人工智能共同连接起来的智能生活服务系统。整个智能生活体验馆从消费者出发，将整个体验区分为产品体验区、互动体验区、售后交流区、休闲交流区。科学的空间陈列布局突出了科技背后隐藏的人文气息。智能生活馆里的休闲交流区拥有功能完善的儿童区，小屏连大屏，寓教于乐，吸引很多孩子流连忘返，父母和稍大的孩子则可以戴上 VR 头盔感受一下赛车、骑马或空中飞行的乐趣。[①] 而在智能生活馆的产品体验区，服务人员会引导进店的消费者放慢脚步，沉静下来体验购物过程中每一分钟的真实感，使得消费者在不知不觉中沉浸和投入，从而产生一种由内而外的购物体验的美感和惬意感。

在体验馆的互动体验区和售后服务区，通过融合生态、人文、智慧与生活等方面的服务设计理念，打造了一个给人以无穷想象的智慧生活空间，让人们在这里能够体验到身临其境的美好生活意境，以及大自然中存在的如行云流水般的舒然坦怀之惬意。所以，整个生活体验馆体现了科技与生活的完美结合，在聚焦于个性化消费服务的同时，也让你体验到生活的温馨和舒适、情感的交流与互动，打破了人们对科技的“冰冷”印象，真切感受到科技产品也有“感情”。

华为智能生活体验馆，从某种意义上来说，将人们的智能生活进行了集中化的表达，是一种浓缩后的智能生活，具有一种让人跳出现有生活情境再细看生活的本质的内在潜力，表达的是一种直达内心深处的、令人震撼的生活情感和生活美感。我们相信，“身在此山中”的你届时对生活的认识，应该也就不再会用“只缘”二字作为解释了。

如上是华为智能生活体验馆诠释的生活形态。那么，苏宁极物又将以怎样的形式展开人们对智能生活的想象呢？又在表达一种怎样的生活本质呢？

苏宁极物是苏宁易购集团股份有限公司旗下的一个商标品牌，该品牌主要以销售智能产品为主，为人们的智能生活提供系列服务。在该品牌服务店中，他们将产品与“惊喜”进行了融合，给消费者带来惊喜的同时，让人感受到生活的安心与舒适。该品牌系列产品一直都在向人们传递一种慢节奏、朴素、纯粹的生活状态。关于生活的本质，苏宁极物这个名字或许已经给了我们最好的诠释，从身边好物中汲取能量，过上有品质的生活。“极物”一词出自古语“智能极物，愚足全生”。“智能极物”，是指其智慧能触及事物本质。人的智慧是不是能触及事

① 马继华.华为智能生活馆的进化[J].现代企业文化(上旬),2018(09):14-15.

物的本质是个哲学问题，但是人的智慧一定能触及生活的本质——适意和安逸。[①]

如此说来，无论是在华为的智能生活体验馆中，还是在苏宁极物的品牌理念中，我们已经可以从整体上窥见当下智能生活的本质。华为智能生活体验馆给人们一种直达内心深处的、令人震撼的生活情感和生活美感；而苏宁极物所展示的是人们的一种生活智慧，从智能产品中汲取生活能量，从而过上舒适安逸的智能生活。

可见，智能生活的本质是从外在的智能生活服务中引发的一种由内而外的生活智慧，一种生活态度、姿态，也是一种生活能力、生活情感和生活精神，从总体上体现了人工智能时代人们的生活状态。从真、善、美三个维度定义智能生活的本质，智能生活或许也应该是人们探寻本质、升华情感、追寻美好的一种生活方式，因为智能给物质以智慧的力量，人们得以超越物质的束缚，实现从物质生活向精神生活的飞跃。可见，智能生活能够为人们带来的感受，从根本上讲，是一种直抵内心的震撼。

① 腾讯网.生活的本质究竟是什么？或许这里能给你答案[EB/OL]. https://new.qq.com/omn/20180209/20180209A1AUCI.html.

第二部分

智能生活的场景

第三章

智能购物：将购物体验推向极致

局限分析：传统购物方式的不足
多元合力：智能购物呼之欲出
购物体验：智能零售的崛起
新的场景："自助"与"无人"的购物形态
新的连接：智能购物中的社交化倾向

随着时代的变迁和科学技术的不断发展，传统购物方式的不足逐渐凸显出来。智能化购物方式逐渐取代传统购物方式，成为主流的社会购物形态。与此同时，在这个不断网络化、信息化、智能化的新时代，在线上，天猫、京东等网络购物平台逐渐兴起；在线下，无人超市、无人商店等新零售逐渐发展起来。线上线下相结合的购物方式极大地方便了人们的生活，使得人们的购物过程不再仅仅是停留于购物层面，而是逐渐演变成为一种新的社交形式。

一、局限分析：传统购物方式的不足

随着新一代信息技术的迭代发展，人类的生产、生活和思维方式也随之发生重大变革，在人类生活中最为直接的表现便是快节奏生活的到来。在这样的时代背景下，传统购物方式已经远远跟不上这种快节奏的生活步伐，其不足之处逐渐凸显出来。

美国经济学教授菲利普·科特勒指出，消费者的购买行为实质上是一个系统的决策活动过程。广义的消费者购买决策是指消费者为了满足某种需求，在一定的购买动机的支配下，在可供选择的两个或两个以上的购买方案中，经过分析、评价、选择并且实施最佳的购买方案以及购后评价的活动过程，包括需求的确定、购买动机的形成、购买方案的抉择和实施、购后评价等环节。[①] 在传统的购物方式中，消费者的购物需求产生于“消费者期望的理想状态与现实存在着不可忽视的差距”。在这种差距的驱动下，消费者的未满足状态开始刺激他们做出相应的行动，并不断地采取一定的措施去满足这种需求，缩小这种理想与现实之间的差距。从一定程度上来看，这只能归为居民生活的一种基本需求。

从经济学角度，消费作为拉动中国经济的“三驾马车”（如图 3-1 所示）之一，无疑是 GDP 增长最为重要的动力因素之一。而在传统的购物方式中，这种“有需要时才购买”的消费模式（购买动机仅仅是出自需要）显然已经不能适应当前人民日益增长的美好生活需要，也无益于拉动经济的增长和促进经济的转型。原因在于，相对而言，传统的购物方式存在着体验感不好、价格昂贵和口碑效应低等方面的不足。

---

① 百度.消费者购买决策理论[EB/OL].https://baike.sogou.com/m/v5076842.htm? rcer=u9PEAtwSIgzcD_pOD.

图 3-1　国民经济三驾马车①

体验感不好，耗时耗力。消费者购买产品需要自行到特定地点的实体店去选购，且在选择商品的过程中需要对产品的价格、质量、品牌、种类乃至同一产品的不同实体店的价格等信息进行甄选、对比。由此，出行的不便和选购的费时费力会给消费者带来极度不好的体验。

价格昂贵，抑制消费。在传统购物模式中，商品价格昂贵很大一部分原因是包括运输、仓储、包装、装卸、管理等在内的物流、租金、人力等成本的层层叠加，使得其价格远远高出商品本身的价值，这迫切需要新的生产销售模式的出现。此外，在传统购物方式中，消费者通常使用的是现金或者刷卡的结算方式。无论是现金还是刷卡，消费者能够用于支付的金额都是有限的。当商品价格远远超出它本身的价值时，消费者便会终止购买行为，转而寻找相对便宜的替代品，从而抑制了消费者对原有商品的消费。

口碑效应低，售后无保障。口碑效应是指消费者因实际的消费行为所带来的满足感而自发产生的对该商品和商品经营者的赞美。通俗来讲，“口碑”等同于“评价”。当商品、服务或是其附加值在满足顾客的需求并带给顾客良好的体验时，他们便会对这些商品和服务等做出好的评价，从而在消费群体中形成良好的口碑效应。

在传统购物方式中，由于受到信息传播的范围小、速度慢、内容少、形态单一等多种因素的限制，针对某种商品的口碑效应一时很难形成。即使当消费者购

① 阿离 hunter. 国民经济的三驾马车是什么？［EB/OL］. https://zhidao.baidu.com/question/2122273082813616147.html.

买到好的产品、享受到优质的服务后，一般情况下，也只是在与身边的朋友、家人等交往过程中通过聊天等方式将商品信息传递出去，达到一种宣传的效果，从而与周围朋友圈里的潜在消费者共享这个信息，以便让他们继续购买和享受这种好的产品和优质的服务。事实上，这种“口口相传”的信息传播方式只能在一段时间内或在一定区域内形成相应的口碑效应，至于波及的范围、影响的深度是十分有限的。

此外，在传统的购物方式中，消费者一般是在购买产品甚至是体验产品之后才能发现产品中存在的瑕疵和质量问题。这个时候，由于产品回收会增加销售商的成本并产生一系列的配套服务费用，消费者往往很难维护自己的权益，导致产品售后服务得不到保障。

传统购物方式中存在的一些弊端和不足正在凸显，随着物联网、大数据、人工智能等的发展，必将引发人类对于新技术变革的渴望和更高的生活质量的追求。

二、多元合力：智能购物呼之欲出

随着社会经济的不断发展以及社会主要矛盾的转化，人民的需要已经转化为日益增长的美好生活需要。同时，物联网、大数据、人工智能等技术的推动以及政府政策的引导使得一种新的购物方式——智能购物——正以迅猛之势彻底改变人们的传统购物方式。需求的变化、技术的支撑、政策的扶持等因素使得智能购物呼之欲出，且以迅猛发展之势成为人们日常生活中主流的生活方式之一。

需要是人为了生存和发展与生俱来的本能，是人创造财富与推进社会发展的主观条件。马克思指出，应该从人的现实出发关注人的现实需求。马克思将人看作是自然的存在物、社会的存在物和精神的存在物，人性是作为自然属性、社会属性和精神属性的统一，也就是说符合“人性”的需要，也就是符合人的自然需要、社会需要和精神需要。[①] 由此也进一步解释了“需要”源自并合乎人的天性

---

① 王嘉丽.基于马克思主义需求理论视角下新时代中国特色社会主义美好生活[J].法制与社会，2019(18):99-100.

——人性。社会向前发展是基于人的不断需要，人类在生产生活的过程中会产生自然、社会、精神等方方面面的需要，并会尽可能地采取一些手段去创造条件以满足这些需要。这个为满足自身需要而不断创造条件的过程同样也是一个促进社会发展的过程。当然，人类的需求并不会因为一个需要得到满足而终止，相反是在社会的发展过程中不断产生新的需要，循环往复。

党的十九大报告指出："中国特色社会主义进入新时代，我国社会主要矛盾已经转化为人民日益增长的美好生活需要和不平衡不充分的发展之间的矛盾。"由此可见，随着时代的不断发展与进步，人类的需要不再是停留在基本的生存需要层面，而是上升到了一个不断追求"美好生活"需要的层面。

除了生存这种本能需要，人类的"美好生活"需要又从何而来？这就不得不与人类赖以生存的社会环境联系起来。历史上，人类大致经历了石器时代、铜器时代、铁器时代、蒸汽时代、电气时代、信息时代等几大时代，再到今天的人工智能时代，时代的浪潮一直在向前推进，人类的需求也随之在不断地发生变化。归根到底，是时代的进步为我们创造了良好的物质环境和条件，使得我们对生活的要求进一步提高，从最基本的物质生存需要上升到精神层面的需要。这是一个时代的伟大进步，使得人的需要逐渐向更高阶进化——从重点关注物质生活领域转移到精神生活领域。

人工智能从诞生至今，已有超过半个世纪的发展历程。近几年来，伴随着大数据技术和云计算的发展进步，人工智能的发展看到了新的曙光，获得了更大的发展前景：云计算为人工智能时代的到来构建了坚实的计算平台，大数据为人工智能时代的发展输送了充实的数据资源。[①] 在这个高速度、高效率、方便快捷的智能时代，以大数据、云计算、物联网、人工智能等为技术支撑，人类对于更高层次的美好生活的需要变得更加现实，而不是存在于理想之中。

国务院总理李克强在2015年3月所作的政府工作报告中强调：要实施《中国制造2025》，坚持创新驱动、智能转型、强化基础、绿色发展，加快从制造大国转向制造强国。报告还指出新兴产业和新兴业态是竞争高地，要不断推动移动互联网、云计算、大数据、物联网等与现代制造业相结合。这无疑为我国各行业的制造业智能转型提供了重要的方向指引。在未来，移动互联网、云计算、大数据、物联网等与现代制造业相结合是未来发展的必然趋势。

---

① 邓茜，邓亮.大数据开启人工智能时代解析[J].电子世界，2018(20)：46-47.

在不久的将来，制造业将逐步完成信息化、数字化的智能转型。大数据、云计算、人工智能、区块链等新兴技术可以在未来几年取得更好的发展，由此带来的新兴、智能产业也必将在不久的将来掀起新的浪潮，并对包括营销和零售在内的经济和商业活动产生深远影响，逐渐引领人民走向美好生活。人民对美好生活的需要、科学技术的支撑、政策的指引等是智能产业诞生和发展的现实动力。同时，人工智能的到来为我们的生活方式智能化奠定了坚实的技术基础。所有一切关于大数据、云计算、物联网的信息都在昭示着：智能购物将会成为我们日常生活的常态。

三、购物体验：智能零售的崛起

2016 年 10 月，马云在杭州云栖大会上发表演讲，首次谈及新零售。马云指出，未来几十年世界变化将远超我们的想象，未来阿里巴巴将不再提电子商务，因为未来 20 年没有“电子商务”，只有“新零售”。一时间，“新零售”成为人们共议的热点话题。对于新零售的理解，可谓是仁者见仁，智者见智。目前的主流观点是：新零售，即企业以互联网为依托，通过运用大数据、人工智能等先进技术，对商品的生产、流通、销售过程进行升级改造，进而重塑业态结构与生态圈，并对线上服务、线下体验以及现代物流进行深度融合的零售新模式。[①] 虽说是新模式，但并不是一种全新的商业模式，新零售是在传统零售业的基础上，将电子商务的经验和优势应用到实体零售中，进行创新、互动、融合。具体来看，主要显示出以下几方面的特征。

首先，采用线上、线下全渠道融合的模式。实际上，这是“店商”与“电商”（如图 3-2 所示）经营管理方式的一种结合。以全渠道融合来践行新零售，不仅给消费者提供了很大的便利，还给整个产业链带来新的发展机遇，包括品牌商、供应商、制造商、分销商等在内的各个主体都将从中受益。目前，小米、优衣库等众多品牌都实现了线上线下的全渠道融合。以卡西欧为例，位于杭州武林银泰百货商场的卡西欧门店只有 25 平方米，在这样有限的空间里所能容纳的产

---

① 搜狗. 新零售[EB/OL]. https://baike.sogou.com/m/v155192521.htm? rcer=Q9PEAkAuUPGeLMhbL.

品不会超过 300 个。而今，这种限制却因店内的一块电子显示屏而被打破。充当虚拟柜台的玻璃屏幕上，陈列着卡西欧分布在全国近 30 个城市的 170 多家店铺的所有商品，且能实时更新。消费者只需点击屏幕获取产品的二维码，便能通过手机扫描进入卡西欧的官方旗舰店，完成下单、支付的全部流程①。卡西欧的做法其实就是通过网络平台将产品信息与线下门店打通，实现产品最近配送，精简了零售过程，降低了产品库存成本。目前，这种线上线下融合的经营模式已经成为新零售的标配模式。

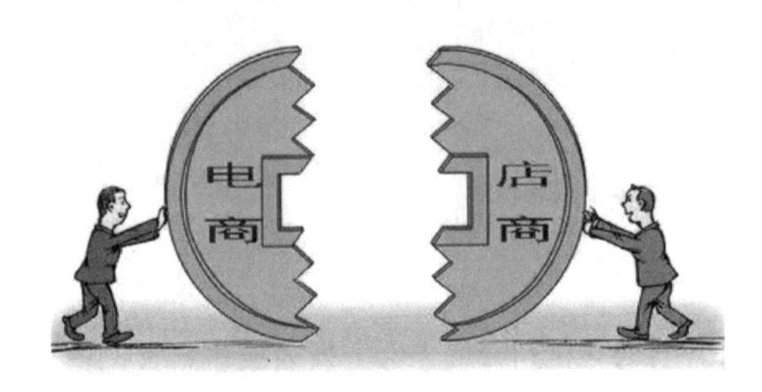

图 3-2 “电商”与“店商”的融合②

其次，采用智能物流。零售业线上线下的融合还要结合智能物流才能称得上是新零售。智能物流是指利用条形码、射频识别技术、传感器、全球定位系统等先进的物联网技术，通过将信息处理和网络通信技术平台广泛应用于物流业运输、仓储、配送、包装、装卸等基本活动环节，实现货物运输过程的自动化运作和高效率优化管理，提高物流行业的服务水平，降低成本，减少资源消耗。③ 即在大数据的驱动下整合供应链，实现物流配送过程的智能化，从而达到节约成本、提高效率、增加销量的目的。

最后，关注个性化需求。基于大数据、云计算、人工智能等技术，商家可以根据消费者的消费情况和消费偏好细分消费者群体，据此生产和销售符合消费者

---

① 新华社.线上线下一体化：一场电商与实体商业的亲密接触[EB/OL]. http://www.sohu.com/a/167890514_267106.

② 百度.店商与电商图片[EB/OL]. https://dss3.bdstatic.com/70cFv8Sh_Q1YnxGkpoWK1HF6hhy/it/u=3647542348,176475443&fm=26&gp=0.jpg.

③ 搜狗.智能物流[EB/OL]. https://baike.sogou.com/m/v60603326.htm? rcer=u9PEAtwSIgzcD_pOD.

个性化需求的产品，并针对不同客户制定个性化的营销方案，以保证在最大限度上满足客户的需求，提高销量，而这却是传统零售业无法实现的。

从以上几方面的特征来看，新零售既区别于传统的零售业，又仿佛与传统零售业有着千丝万缕的联系。那么，新零售是如何出现在人们生活中的呢？归纳起来，新零售的产生主要是如下几个方面综合作用的结果。

首先，传统零售业的发展面临瓶颈。一方面，实体零售业的租金成本不断提高，销售业绩走低，加上电商的冲击，市场竞争压力增大，以及传统零售业经营管理方式的落后、赢利模式的单一，使得一些零售业的发展面临瓶颈，很难继续向前迈进。另一方面，以天猫、京东为代表的网络零售巨头在经历一段发展热潮之后，也达到了发展的“天花板”，尽管其零售规模在近几年仍然呈现不断增长的趋势，但零售增长率却呈现下降趋势。究其原因，主要是网络零售缺乏实际的购物情景，导致消费者的购物体验不好，不能满足客户的个性化需要。实体零售业和网络零售主体面临的发展困境呼吁线上线下相互融合发展的零售新模式出现。

其次，消费转型升级的推动。随着互联网信息技术的发展，人们的消费习惯也在不断变化。一是消费主体的转化，目前我国的消费主体已经从“70后”“80后”的人群转向“90后”“00后”，这一消费群体本身就出生、成长在智能时代，是“智能原住民”，接受过中高等教育，对新鲜事物的接受能力较强。另外，他们已经习惯了“宅男”“宅女”的生活方式，这对零售业的发展提出了更新、更高的要求。二是消费结构的升级，社会经济文化的发展带来的是人们消费结构的升级转换，旅游观光、保健按摩、艺术珍藏等成为人们的消费热点。从“实用”到“享受”，单一的消费方式已经难以满足人们日益多样化的需要，消费的升级成为新零售发展的动力。

最后，智能技术得到广泛应用。随着人类进入人工智能时代，大数据、云计算与人工智能等新一代信息技术不断得到落地应用，为新零售的发展提供了技术维度的无限可能性。商家通过大数据和云计算技术收集和存储消费者的消费数据，并借助人工智能技术深度挖掘消费者的个性化需求，以此来生产适销对路的产品，实现利益的最大化。同时，人工智能技术平台还将生产商、供应商、销售商联结成一个关系网络，通过数据共享的方式，极大地提高了企业经营管理的效率。消费者通过平板电脑、手机等智能客户端可以随时随地了解商品数据，完成下单、支付等所有购物流程。

当传统零售业的发展陷入困境、面临瓶颈危机、消费逐渐转型升级时，物联网、大数据、人工智能等智能技术的广泛应用为零售转型发展提供了条件，新零售迎来了良好的发展机遇。从目前来看，新零售整体的发展态势较好，有着可观的前景。

相信经过未来几十年的发展，新零售也将像“电子商务”一样不再被人提及，因为那个时候“新零售”不再是一个新生的热点话题，而是“润物无声”般地融入人们的生活，成为人们生活的常态。

四、新的场景：“自助”与“无人”的购物形态

随着人工智能的不断发展，许多“无人”超市逐渐在全国各地亮相。一场“消灭导购、服务员与收银员”的无人零售革命就此拉开序幕。

在海口，一家无人值守的便利店——竺智能无人商店引起了大家的广泛关注。在该商店中，消费者只需要拿出手机扫描门边的二维码，在微信上确认授权绑定小程序后，门便会自动打开。便利店里面的商品从一元的包装纸巾到几十元的洗浴套装，零食、玩具、生活用品等一应俱全。消费者只需取下商品后，在扫码支付区自助扫码，购物触摸屏上就会罗列出待购商品的信息，确认后即可选择支付宝或微信付款。若是待购列表中的哪件商品不想买了，只需在触摸屏上单击“清空”按钮就可以了。从扫码到支付成功，整个过程不到10秒。走到感应开门区，将手掌放在感应区，3秒后店门自动打开，顾客便能带着已经支付的商品走出商店。[①] 除此之外，还有采用“生产即消费”模式的自助咖啡机“莱杯咖啡”、借助智能技术实现产业链一体化的鲜榨橙汁自助贩卖机“天使之橙”，以及为高端社区居民提供高品质生鲜和便利服务的“缤果盒子”，都是无人零售模式的典型代表，这就是源于利用机器智能化算法替代人工的24小时智能无人便利店——“F5未来商店”。

---

① 黄晓慧. 无人商店智能购物(新生活新体验)[N]. 人民日报，2018-10-07(7).

目前，无人零售店按采用的主要技术大致可分为以下两类：一类是采用RFID（Radio Frequency Identification）技术的无人商店。RFID技术又称无线射频识别技术，可通过无线电信号自动识别目标对象并获取相关的数据信息。采用这类技术的无人零售店主要是利用RFID标签技术来实现对货物的识别与防盗，这类无人店的代表有欧尚缤果盒子、居然之家EAT BOX等。另一类是采用视觉识别、标签识别、图像识别、生物识别等前沿技术的无人零售店，主要通过货物架上的红外线传感器、压力感应装置及荷载传感器等技术，记录消费者的购物信息。如Amazon go、Take go、淘咖啡等用的都是这类热门的前沿技术。总而言之，无人零售店"即拿即走"的购物体验背后是技术的支撑，是科技服务于生活的生动实践，给消费者和经营者双方都带来了有利的影响。

从消费者的角度，首先，无人零售店给消费者带来了一种更加方便快捷的购物方式。随着科学技术的迅猛发展，人们的生活节奏不断加快，在这种快节奏的生活方式中，方便、快捷、实惠与高品质无疑会成为人们的追求。无人零售店的普及极大地提高了消费者的购物效率，节省了购物时间。其次，无人零售店带给消费者良好的购物体验。"善解人意"的无人店会通过数据的收集、存储与分析，为消费者提供一系列符合他们喜好的商品信息，从而极大程度地满足消费者的个性化购物需求。加之少了选购环节导购员对消费者的"骚扰"，以及支付环节收银员找零的烦琐工作等的影响，无人零售店无疑带给了消费者良好的购物体验。

从经营者的角度，无人零售店极大地减少了人力及租金成本。一方面，由于不需要雇佣导购员、收银员等工作人员，无人零售店花在人力上的成本将会大幅降低；另一方面，由于省去了营业员的工作场所，在零售店中只需要设置消费者的购物区和货物的存储区，无人零售店的空间成本将会在很大程度上得到节省，从而降低租金成本。人力成本、租金成本在传统零售店的经营成本中所占的比例较重。自然而然，无人零售店在经营过程中能更大程度地节省人力及租金成本这一优点将会被更多的经营者所关注，也将会有越来越多的经营者更加青睐于无人零售店，促使零售店朝着"无人""自助"的方向转型。

在这种众多零售商都朝着无人零售方向"蜂拥而入"的大趋势下，无人零售是不是就完全是一本万利且没有缺陷？事实并非如此，正如新事物最初都要经受考验一样，无人零售店也同样面临着诸多质疑。

首先，技术是否完善。在无人零售店里，商品要么是通过RFID标签技术进行了商品信息的标注，要么是在生产包装的过程中将商品的价格等相关信息附在包装纸的二维码上，还有一些像“现磨豆腐”这类的加工速食食品则需要人工写码。而这些标注、二维码、人工书写的条形码等是否就一定能够被识别还有待进一步验证。其次，无人零售店的套内空间有限。如果一次性容纳的消费者过多，那么是否能够保证成功地对每位消费者的身份进行识别。最后，无人零售店虽然在人力和租金方面为经营者节省了很大的成本，但前期却要对智能零售软件的开发投入巨额资金，在经营的过程中也会在技术、管理方面付出很多成本，那么如何才能保证收益的最大化？诸如此类，都是需要深度思考和重新面对的问题。

尽管面临着诸多置疑，但从长远来看，无人零售的发展仍然是一个值得期待的事情。随着技术的逐渐发展成熟，相信产品识别、身份识别方面的问题也会迎刃而解，待无人零售店真正发展成熟，便很容易形成规模化效应，以此提高企业的收益。只要市场有需求，无人零售店就会有成长的空间。无人零售店未来发展如何，值得我们期待。

五、新的连接：智能购物中的社交化倾向

对于新时代的消费者而言，购物不仅是基于购物的需要，也逐渐演变成为一种社交行为。在传统的购物方式中，我们买一件商品更多的是出自刚需——之所以购买这件商品是因为需要。而现在，我们不仅仅是出自刚需，还有社交。

社交，是指社会中人与人之间的一种交际往来，是人们借助一定的工具或者通过一定的方式来传递信息、交流思想，以达到某种目的的社会活动。其参与模式有一对一、一对多、多对多。在最开始，人们的需要是通过“物物交换”来实现的，拿自己不需要的物品去换取他人不需要而自己刚好需要的物品。在这种需要很难满足的原始“交易”过程中，人们之间形成了一种“一对一”的社交关系。后来，随着商品经济的发展，出现了专门的买和卖，卖家和众多买家以及买家和众多卖家之间便逐渐发展成为一种“一对多”的社交关系。时至今日，借助于大数据、物联网、人工智能等技术，通过特定的购物平台，人与人之间的交互联系正在构建一个复杂的关系网，社交模式也由之前的“一对一”“一对多”转变为“多对多”。这实际上是社交需求在智能购物活动中的一个延伸，也是购物

活动的一种社交化体现。具体来说，这种社交又可分为两种：“共情社交”和“功利社交”。

“共情社交”是指为了获得某种情感联结或情感体验，或是因为彼此之间存在某种共同的兴趣爱好等而产生的社交行为。随着新零售的接入、线上线下的打通，消费者更愿意在购物的过程中实现社交的目的。对于现在的消费群体来说，基本上每个人都有一个自己的社交兴趣圈。在这些圈子中，有分享美食的，有分享时尚服饰的，有分享美妆产品的……因为这些社交兴趣圈子的存在，基于信任，人们更愿意购买周围亲朋好友推荐过的产品，即使有时候这些产品的价格会高于其他同类产品。在一定程度上来说，购物过程的口碑效应与智能购物的社交化倾向存在某种内在的联系。

另外，在这些圈子中，消费者很容易产生一种从众行为。有时候，一种产品销量好，并不是因为这种产品质量高多少、价格优惠多少，而是由消费者的盲目“从众”引起的。可能绝大多数人都会产生这样的心理：既然大家都在消费这种产品，那么这种产品肯定是得到了多数人的“认可”的，买它就对了！

最后，在这些社交圈子中，还有一个刺激人们购物欲望的因素，那就是“偶像效应”。何为“偶像效应”呢？通俗一点讲，就是消费者因为某个自己喜欢的偶像的代言或者宣传、推荐等而产生的一种购物行为。这种“偶像效应”在美妆、时尚圈体现得更为明显。譬如，抖音上因为众多明星推荐而火起来的“WIS极润套装”“泡泡面膜”“答案奶茶”等。人们在进行消费的时候往往会考虑紧跟“网红”这一社会潮流，身边的人也都在刷屏，这个时候产生的购买行为能够满足社交的情感共鸣。

“功利社交”则是为了达到某种特定的目的或者为了获得某种利益而产生的一种社交行为。这种社交典型地体现于“微商”中。“微商”，顾名思义就是借助微信这一社交软件平台而发展起来的电子商业。它基于移动互联网，以人为中心，以社交为纽带。在微商中，人与人之间不单纯是一种社交，更大程度上体现的是通过这种社交途径来达到一种宣传、销售自己的产品或服务的目的。尤其是当我们的微信好友中出现这种微商的“代理人”时，即使有时候我们可能不太需要，但也会出自对朋友的信任或是对朋友的照顾和支持，而购买他们所代理的产品。

总而言之，无论是微商代理人与微信好友之间的这种“功利社交”，还是因朋友推荐、偶像代言而出现的“共情社交”，无一不体现了购物过程中的一种社交化倾向。

除此之外，我们在天猫、京东或者淘宝上购物，选购的过程中遇到一些不清楚的问题时可以找客服，在与客服的沟通交流过程中，既解决了问题，又实现了社交。待商品选购、付款、收货等过程完结之后，消费者可根据产品使用效果对产品进行评价，其他消费者能够看到这些评价，也可参与评价，并进行购物前咨询。同时，京东、淘宝等购物平台推出了在线问答这项服务，消费者在决定购买产品之前，对产品的质量等进行提问，系统随机选中一些购买过该产品的消费者参与问答，这样消费者之间实际上是建立起了一种社交关系。更有一些店铺会将购买过产品的消费者拉进一个群，在群里不定时地发放各种优惠券、推送新产品，进入该群的消费者随时都可以互加好友，建立一种社交关系。

在各种形式的购物活动中，人与人之间不断加强联系，产生社交关系。但这种基于购物平台或社交平台而产生的购物活动中的社交，在一定程度上也存在着一些隐患，比如消费者的个人信息被盗取、信息安全得不到保障、个人隐私被泄露等。

从管理层面来看，当前网络平台的管理还存在着很多漏洞。其中，监管不到位、技术不成熟是存在的主要问题。从个人层面来看，也存在部分消费者法律意识淡薄，控制不住自己的言行，对他人的个人信息不保密等问题。这些问题的存在使得消费者在购物过程中所得到的社会交往具有一定的风险性，个人信息很容易被泄露。

针对消费者购物社交化过程中面临的信息安全问题，国家应从制度层面加强立法、完善相应的法律法规，保障消费者权益，规范人们的行为和言论；网络平台也应该提高网络监管技术，加强信息安全方面的监管；个人要加强对法律知识的学习、增强法律意识，在保护他人信息安全的同时保护自己的信息安全。

第四章

智能办公：工作逐渐变成生活

历史演变：OA 的发展历程与新阶段
全新场景：智能技术赋能的办公情景
足不出户："智"在怡然的居家办公
提升素养：合力迎接智能办公

科技是人类进步的催化剂。人工智能技术的发展将为我们的工作和生活带来诸多便利，能够帮助我们更好地完成工作、更加舒适地生活。近年来，大数据、云计算、移动互联网、人工智能等技术在各行各业落地，人们的生活方式和工作方式随之发生重大变革。在办公领域，人们的办公方式逐渐智能化、数字化、信息化、可视化起来。移动办公随着网络通信技术和移动设备的发展而不断发展，居家办公突破时空的限制以一种全新的姿态出现在人们的视野当中。无论是移动办公还是居家办公，都昭示着这样一个信息：智能办公时代正在到来。

一、历史演变：OA 的发展历程与新阶段

办公室是当今人们工作的基本场所。学校、政府、银行、医院等虽然在工作职责、工作内容乃至工作对象等方面存在着很大的差异，但就办公室这一基本办公职能来说都大同小异。随着新一代信息技术的发展，尤其是大数据技术和智能技术的发展，办公自动化正在迅速崛起。

办公自动化（Office Automation，OA）最早是由美国通用汽车公司 D. S. 哈特于 1936 年首次提出的。直到 20 世纪 70 年代，美国麻省理工学院教授 M. C. Zisman 为办公自动化下了一个较为完整的定义："办公自动化就是将计算机技术、通信技术、系统科学及行为科学应用于传统的数据处理难以处理的数量庞大且结构不明的、包括非数值型信息的办公事务处理的一项综合技术。"

我国专家对办公自动化的定义形成的比较统一的看法是在 1985 年召开的全国第一次 OA 规划讨论大会上，会议达成的共识认为：办公自动化"是指利用先进的科学技术，不断使人的一部分办公业务活动物化于人以外的各种设备中，并由这些设备与办公室人员构成服务于某种目标的人—机信息处理系统"，其目的是尽可能充分利用数据资源，提高工作质量、工作效率，辅助决策，求得更好的办公效果。

综合来看，办公自动化是指将现代化办公和智能技术结合起来的一种新型办公方式。它通过利用各种先进的技术、设备，以从事相关的办公活动，实现自动化、数字化与智能化办公。从通信角度来看，办公模式的发展主要经历了传统办公、有线互联办公、有限移动办公、随时随地办公等四代办公模式。①

第一代办公模式，即传统办公，主要是指"面对面"的办公模式。这种办公模式的典型表现就是：人们工作必须从家前往公司，在办公室这种特定的区域进行事务的处理，包括工作、开会等办公活动都是在一起。能借助的工具也只有电话、信件、传真、黑板等。这种模式下的办公地点、办公时间等都受到了严格的

---

① 吴克忠. 移动办公、居家办公(MOHO)——OA 的新发展[EB/OL]. http://articles.e-works.net.cn/OA/Article91935_1.htm.

限制，工作效率也比较低。在新兴的办公模式的衬托下，这种办公模式各方面的局限性不断凸显出来：通知开会需要一个一个传达，会议记录需要通过手写的方式进行，文件存储需要人工分类整理等。

从第一代传统办公到第二代有线互联办公，是一场办公领域的模式革命。有线互联办公是指以互联网和计算机为媒介，基于这种技术性的媒介，整体的办公效率和办公质量都得到了明显的改善，办公人员的工作能力也随之得到了相应的提升。第二代办公模式带来的改变是：会议记录可用计算机编辑、存档；纸质文件不再堆积如山，通过计算机将文件信息数字化，方便浏览、保存、查找。与第一代办公模式相比，互联网和计算机仿佛赋予了人们一种“超能力”，这种“超能力”使得整个生产部门的办公效率都得到了极大的提升。

但是，这种“超能力”也并不是随时随地都可以发挥作用，只有当人们使用计算机进行办公时，这种“超能力”才能得以发挥。可见，计算机的普及率、使用地点和使用时间等也同样限制着人们实现高效率办公和高质量办公。

为了解决这个问题，办公模式进入了第三代——有限移动办公。有限移动办公模式是有线互联办公模式的升级版，它采用便携式手提计算机办公，解决了第二代办公模式中台式计算机不能移动的问题，实现了随时都能让计算机赋予人们“超能力”的办公形态，突破了第二代办公模式中办公工具不能移动的局限，实现了办公场所的“有限”移动。

这种办公模式仍然存在着一些不足：手提计算机体积大、质量重，不方便携带；耗电快，充电不方便；需要放在某个地方才能使用，使用不便等。这些问题使得有限移动办公只能在办公室、会议室、家中等特定区域进行。发展到现在，借助于智能手机等集社交、办公、学习为一体的多功能智能工具，第四代随时随地办公模式已经出现。智能办公便属于这种随时随地能够办公的新模式。从发展历程来看，智能办公是办公自动化发展到一定阶段的产物。日常生活中提到的“移动办公”“居家办公”等便是这种随时随地“无限移动”的办公模式的具体表现，是办公自动化发展的最新阶段。

了解了办公自动化的不同历史发展阶段后，有必要重新认识一下移动办公与居家办公的概念。这两种办公模式将成为智能时代的主要办公模式，对人们的工作和生活具有重要影响。

移动办公也可称为“3A办公”[①]，即办公人员可在任何时间（Anytime）、任何地点（Anywhere）处理与业务相关的任何事情（Anything）。这种全新的办公模式使得政府和企事业单位的领导、办公人员得以摆脱时间和空间的束缚，不用再整天守在办公室这种特定的场所处理工作事务。此外，由于具有信息指令传递速度快、工作场所不受局限、办公事务“随心所欲”等优势，移动办公逐渐成为一种主流的办公模式。

居家办公，顾名思义，主要是指在家庭中办公的方式，也可称之为“SOHO”。这是在现代沟通方式的发展下形成的一种办公模式。办公人员无须再早起去公司打卡签到，只需要在家连上互联网就可以实现无障碍办公，甚至都不需要换下睡衣。从目前来看，这种办公模式逐渐模糊了家庭和公司的界限——工作逐渐变成了生活，生活即工作。

从当前以及未来的整体发展趋势来看，移动办公将逐渐成为未来办公的主流模式之一，居家办公也即将成为一种办公新时尚。以“移动办公”和“居家办公”为代表的智能办公将逐渐融入人们的生活，使得人们的生活也不再受时间和空间的限制，“工作即生活”。

二、全新场景：智能技术赋能的办公情景

回顾过去几十年的办公场景：统一时间、同一地点。除了日常的社会交往和家庭生活，人们的时间基本花费在工作上，而在这种工作模式下，生活与工作之间存在着明显的界限。

近几年来，随着大数据、云计算、人工智能等相关技术的飞速发展，智能办公场景出现在人们的视野当中，工作和生活的界限开始变得越来越模糊。人们的双手得到了更大程度的解放，时间变得更加自由，工作变得更加高效。与此同时，越来越多的企业更加热衷于高效便捷的移动化、数字化与智能化的办公模式。总的来说，智能办公具有改变经营现状、提高企业管理水平、提升企业运营

① 百度百科. 移动办公[EB/OL]. https://baike.baidu.com/item/%E7%A7%BB%E5%8A%A8%E5%8A%9E%E5%85%AC/357412?fr=aladdin.

效率、降低企业办公成本、实现企业可持续发展、增强企业核心竞争力等方面的重要作用。

智能办公，通俗一点来讲，就是将大数据、云计算、人工智能等新一代信息技术嵌套进入相应的办公设备，以期赋能传统办公设备的运营过程。从系统科学的维度分析，它综合集成了物联网、大数据、云计算、人工智能等技术，兼具移动互联、网络通信、数据存储、信息交互等功能，是一个融合态势感知、信息计算、管理服务为一体的智能化、网络化终端，[①] 从而为办公人员借助于这些设备实现智能化办公提供了必要的条件。就目前来看，智能办公的办公模式已经被很多企业所采用，智能办公开始逐渐普及开来。

2018 年 11 月 9 日，富士施乐（中国）有限公司在北京举办了以“数字化转型从智能办公开始”为主题的大咖汇暨智能办公解决方案展。自富士施乐（中国）有限公司提出“去改变，才会变”之后，便一直致力于企业的加速转型，并积极致力于推动智能办公的普及。在大咖汇上，富士施乐（中国）有限公司在全面展示相关智能办公解决方案的同时，还携手其他领域的领军企业，共同开发数字化工作空间解决方案与服务。

2019 年 1 月 9 日，在“智能工作平台”旗舰新品发布会上，富士施乐推出智能型彩色数码多功能机 Apeos Port-VII/Docu Centre-VII 系列新品。该系列新品具有专业的彩色输出效果、高生产力、高分辨率、简单易用、节能环保和 360°信息安全保障等优势与特点。在使用过程中，新品智能彩色数码多功能打印机只需要用手机扫描二维码，便可以上传各种尺寸和各种格式的文件，还能进行自主打印和自主复印，整个过程操作简单、高效便捷。富士施乐智能多功能机的问世使得商务打印市场实现了从模拟到数码、从黑白到彩色、从传统办公到智能办公的转型。

在教育领域，同样也出现了智能办公的场景。位于贵州省六盘水市中心城区的第十七中学是一座文化底蕴深厚的学校。在这所学校里，教师们办公与其他大多数学校一样，都会借助于 QQ 群、微信群、Excel 等软件平台。但也一直存在着这样的问题：群里各个部门、各种文件混杂不清；不同部门需求不同，信息孤立；办事流程繁多，办事效率低下等。针对这些问题，六盘水十七中找到了新的解决办法，将简道云与阿里钉钉相结合，运用于学校办公中，极大地改善了校园

① 王柏洪，吴忠华，郭华. 部队智能办公设备使用调查[J]. 保密工作，2019(04)：56-57.

办公质量。

简道云是一款在线数据搜集管理工具，可以创建各种在线报表名单，可以在线反馈和在线开展调查，用来公开搜集数据；简道云还能够提供丰富的图表组件，让用户更加方便地做好数据分析工作。[①] 钉钉（Ding Talk）是阿里巴巴集团专为中国企业打造的免费沟通和协同的多端平台。

六盘水十七中在使用这一智能办公软件时，首先将简道云账号绑定到阿里钉钉。这样，所有的老师便可以在计算机上使用简道云，也可以打开手机钉钉使用简道云，接收提醒消息、查询数据、提交数据等。同时，十七中还在简道云上设计了各项事务的流程表单，让所有的事情都有一个既定的流程，节省了老师们为一些小事而频繁跑腿的时间和精力。此外，简道云还将多个应用之间的数据打通，学校各部门之间的信息资源可以共享、相互调取。这极大地提高了办公的效率，节省了人力和物力。

在交通领域，随着互联网、大数据、人工智能等技术与交通运输领域的不断深度融合，智慧交通即将成为一个推动我国经济增长的新兴产业。据相关报告显示，预计在未来的几年中，中国将在两百多个大中型城市建立城市交通指挥中心。这些指挥中心集 GPS 定位、视频监控、信息实时检测、GIS 综合业务管理、通信调度指挥以及交通信息发布等系统功能于一体，共同致力于打造我国的智慧交通先进运营平台。无论是信息实时检测、综合业务管理还是通信调度、信息发布等都得益于大数据、云计算、人工智能等技术的发展。正是得益于这些人工智能技术和智能软件设备的优势价值，交通领域的办公不断走向数字化、移动化和智能化。道路交通安全预警更加精准，道路通行更加顺畅，高速收费更加智慧，交通领域的办公更加高效。

以高速公路收费系统为例。高速公路收费系统是智慧交通领域中一个非常重要的环节。因其要面临野外自然温差、电磁干扰等复杂环境，对收费系统设备的要求比较高。为了保证在各种复杂的环境下，高速公路收费系统仍然能够长时间不间断地稳定工作，实时履行收费和监控功能，交通管理部门选用了工控计算机进行系统控制。在产品的选用上，高速公路收费系统采用的是“触想”智能交通监控一体机和电容触摸安卓一体机。该款产品清晰度高、轻薄散热快、外部环境适应能力强，且设备上的 COM 口能够直接连接收费站设备，以传输控制信号，

---

① 搜狗. 简道云[EB/OL]. https://baike.sogou.com/m/v106393138.htm? rcer=h9PEAbzfvhwK27Pk2.

从而通过连接的 App 收费软件轻松实现智能收费。高速路收费系统将大数据、云计算等智能技术运用到智能设备上，通过智能设备实现智能办公，解决了人工收费成本高、效率低、时而会出现的监控疏漏等问题。[①]

除了企业、教育和交通领域，智能办公也在向政府、医院、银行、公安等各个领域延伸。在各种办公场所中，各级部门开始越来越多地使用和推广移动办公设备。基于移动办公设备，各种办公场景开始实现智能化。例如，公安部基于某移动软件打造了“团圆”系统，实现了快速、高效搜索犯罪嫌疑人，智能侦破拐卖儿童等案件。再如，政府启用“智慧税务”，助力税务方面的移动端数据填报等，极大地方便了纳税人上报、查询税务信息等。

当前人们提出的智慧交通、智慧政府、智慧医疗等都体现了一种办公的智能化。在未来的办公过程中，伴随着智能终端的逐渐渗透，智能办公的范围和应用场景会越分越细。大到企业集团办公，小到私人业务办公，智能办公将逐渐融入人们的各种工作场景中，随处可见。

三、足不出户：“智”在怡然的居家办公

“SOHO”是英文 Small Office Home Office 的缩写，意为小型办公、在家办公，又称“居家办公”。通常是指那些把家庭作为办公室、以互联网为通信手段的家庭办公式公司，同时也代表着一种灵活自由、有弹性的新型智能办公方式。那些在家办公的自由工作人员被称为 SOHO 一族，在通常情况下，他们只需要借助于一台联网的笔记本式计算机，便可轻松实现在家办公。

SOHO 一族的出现与第三次信息化浪潮之后的物联网、云计算和大数据的迅速发展有着很大的关系。随着多功能笔记本式计算机、智能手机等现代化办公通信工具的普及，原先很多只能在办公室完成的工作现在在家也可以完成。新一代信息技术的发展为 SOHO 一族在家办公提供了可靠的技术支撑。同时，快递物流行业的兴起，诸如饿了么、美团外卖等订餐平台的出现，为 SOHO 一族居家

---

① OFweek 维科号. 酷暑高温全不怕，触想安卓一体机让高速路关卡更畅行！[EB/OL]. http://mp.ofweek.com/smartcity/a745683028606.

办公提供了基本的生活保障。居家办公者只需要使用手机上的“饿了么”“美团外卖”“支付宝”等服务 App，便可以根据喜欢的口味和偏好实现轻松订餐。下单后，工作人员便会送餐上门，轻松解决一日三餐的问题。另外，拥挤的交通、职业的个性化以及盛行的“宅文化”等诸多原因，使得很多工作者更愿意在家办公。从目前来看，在家办公的 SOHO 一族主要有两类：无稳定工作的自由职业者和有稳定工作的上班族。

无稳定工作的自由职业者是居家办公的主体人群。自改革开放以来，我国社会经济不断发展，知识更新速度加快，职场竞争更加激烈，人们的就业压力进一步扩大。越来越多的人在这种竞争激烈的就业环境下成为自由职业者。随着信息技术的不断发展，这群自由职业者掌握了大量关于计算机方面的基本知识和技能。基于对计算机技能的掌握，这些人像发现了新大陆一样，开始通过计算机网络开拓一片新的领域，从事一些信息编辑、加工、设计、传播类的工作，如网络编辑、网站设计、自由撰稿、广告策划制作、商务代理、服装设计、法律咨询、做期货、炒股票等。通常情况下，这些自由职业者只需要通过互联网、计算机等便能独立在家完成或通过在网上与他人协同完成这些工作。

另一类是有稳定工作的上班族。这些上班族中有一部分是企业员工，他们通常利用下班时间在家兼职或者被公司安排在家完成一些特定的工作；还有一些是老板，这些老板在家借助于互联网平台管理自己的公司，一边担任企业 BOSS，一边扮演 SOHO 一族。美国《读者文摘》曾刊登了一篇名为《老板叫我回家上班》的文章，这篇文章形象地展示了美国 SOHO 的浪潮。纽约州西切斯特县政府的罗比娜自从女儿出生后，上司就让她在家办公。类似于罗比娜这样的在家上班族，已占全美就业人数的 40%。[①] 目前，居家办公在美国已成为一种较为普遍的社会现象。

在日本、韩国等地，SOHO 也逐渐兴起。除了个人在家办公，日韩政府还鼓励个人创办 SOHO 型公司。在“朝日网”的主页上，你会看到专门增设的 SOHO 专栏，用来介绍成功的 SOHO 公司的经验，为 SOHO 同行提供信息交流的场所、提供开办 SOHO 公司的指南。在中国，也曾有人预言：“在未来的中国，居家办公将普遍流行，成为一种大众化办公模式。”事实证明，随着大数据、

---

① 新浪博客. SOHO 族回家上班好不好[EB/OL]. http://blog.sina.cn/dpool/blog/s/blog_a76fdff601016hw8.html.

云计算、人工智能等技术的不断发展，这种预言正在变成现实。

近年来，在北京、上海、广州等发达城市，居家办公正在成为一些自由创业者的追求和向往。据有关社会调查数据显示，广州目前符合 SOHO 定义的年轻人约有 20 万。随着越来越多的人加入 SOHO 一族，专门的 SOHO 系列办公楼也应运而生。如北京 SOHO 现代城、SOHO 三里屯、SOHO 中关村、SOHO 尚等逐渐进入人们的视野。

任何能成为潮流的东西总有其魅力之处。SOHO 亦然。SOHO 一族跟传统上班族最大的不同之处在于，办公不受地点的拘束，时间自由，工作灵活。归结起来主要有以下几个方面的优势。

对于个人来说，一方面，居家办公地点不受限制，时间更加灵活。SOHO 一族不用“朝九晚五”的起床上班，节省了耗费在路途中的时间，避开了交通拥堵、挤公交等一系列麻烦，时间上更具弹性。SOHO 一族还可以根据自己的生理需要选择起床时间，保证有更加充沛的精力投入工作。另一方面，居家办公为人们提供了一个安静舒适的工作环境。居家办公避开了人多、嘈杂的办公室环境，少了领导面对面的监督。工作累了，还可以在沙发上舒服地躺一躺，看看电视。这样的工作环境使得人们更加舒适、惬意，也有利于工作效率的提高。

对于企业来说，居家办公的出现会大大降低公司成本。企业不用购置过多的办公设备和器材，能够减少办公用品的消耗，如公用计算机和桌椅等。让一些企业职工在家办公既节省了办公室、会议室等公用场地，也降低了清洁费用和租赁费用。另外，居家办公有利于企业全球雇员，使得企业效益最大化。居家办公模式下，企业员工大多数时间都在家办公，只是偶尔会去公司，比如召开紧急会议。这样的办公模式有利于企业在全球范围内调动人力资源，吸收高素质的人才，增加企业效益。

对于政府来说，居家办公减少了每天上下班出行的人流量，有效缓解了交通拥堵带来的问题，减轻了政府工作人员疏散交通、维持治安等一系列工作任务的压力。

事实上，人工智能时代的到来、办公自动化的发展、人工智能技术的普及以及分工的细化等将会促使越来越多的居家办公群体出现。同时，客观存在的就业压力越来越严重这一社会现实必会使得未来居家办公成为潮流。

四、提升素养：合力迎接智能办公

技术的革新带来生活的变革。大数据、云计算、物联网、人工智能等技术的不断发展引领着人们进入智能办公时代。《2019 中国智能办公报告》提到，有将近 70%的职场人士认为，智能办公或将在三五年内全面普及。面对这一来势凶猛的智能办公浪潮，我们该如何应对呢？是面对还是逃避？事实上，睿智的人都会选择面对，而不是逃避。

在技术的洪流面前，我们的逃避显得无济于事，唯有以一种积极的心态思考如何适应这种浪潮方为明智之举。随着社会不断向前发展，人工智能技术催生了“智能办公”这一新型办公方式，这一客观现实并不会因为我们的态度而改变。从人类社会的发展规律来看，智能办公是时代的产物，也是人类社会生产与生活进步的体现。我们无法改变这一规律，但可以充分利用这一规律来服务于我们的生产与生活。面对后疫情时代可能会全面普及的智能办公生活，为确保我们与这个时代、这个社会的步伐保持一致，不被淘汰，我们应该积极地参与其中，并主动适应智能办公的新生活。

个人作为智能办公的主体，为更好地适应智能办公生活，需要提高自己各方面的能力和素养。具体来看，可通过提高自身业务能力、增强自身信息素养等来全面发展自己，使自己更好地适应智能办公生活。

提高自身业务能力。所谓业务能力，简单地说，就是解决、处理自己的专业事务的能力。不同的岗位有不同的业务能力要求。对于智能办公来说，首先，要熟练掌握计算机技能。在智能办公时代，需要借助于大数据、云计算、人工智能来完成过去需要花很多时间才能完成的事情。为此，基本的“智能技能”是我们必须掌握的。其次，提高沟通与交流的技能。在智能办公时代，可能采用的办公模式是移动办公、远程办公或是居家办公。与传统“面对面”办公不同的是，智能办公面对的不是人，而只是一台没有情感的机器，我们与人交流很多时候都是通过网络线上交流。这就需要我们具备较强的语言表达能力和沟通技能，能快速、准确地将信息传递给他人。最后，还需要掌握科学的时间统筹方法。合理地安排在计算机等设备前的工作时间，提高效率，科学办公。

增强自身信息素养。信息素养（Information Literacy）的本质是全球信息化需要人们具备的一种基本能力。信息素养这一概念是信息产业协会主席保罗·泽考斯基于 1974 年在美国提出的。简单的定义来自 1989 年美国图书馆学会(American Library Association，ALA)，它包括文化素养、信息意识和信息技能三个层面。能够判断什么时候需要信息，并且懂得如何去获取信息，如何去评价和有效利用所需的信息。[①] 在智能办公时代，无论是在何行业、何岗位，都需要我们具备一定的信息素养，掌握一定的计算机知识，具备一定的计算机技能，以备使用智能设备或软件办公的不时之需。在素养方面，我们要不断地学习科学文化知识，具备基本的科学文化常识。面对海量的信息，我们要能够清晰地加以辨别，并作出正确的分析和评判。在意识方面，我们要有获取新信息的意愿，并形成一种从生活实践中发现信息的意识。在技能方面，首先，我们要有通过各种网站平台查找信息、筛选信息的技能；其次，我们要能够合理有效地利用和支配这些信息，运用这些信息去解决各类实践问题；最后，我们要善于学习，熟练地运用各类办公软件，掌握智能办公所必需的各项办公技能。

培养自身优良素质。在智能办公时代，自律、有计划、积极担当、独立、责任心等是一个优秀员工所必需的基本素质。以居家办公为例，居家办公对人的素质有着更加严格的要求。

首先，要自律，有计划。由于居家办公没有了老板面对面的监督，个人的工作时间更加自由和灵活。有时我们会舒适地睡一上午，吃完午饭再工作，而且在工作的过程中还会时不时地看看微博、刷刷朋友圈、玩玩抖音、吃吃零食……这样下来，我们的工作效率明显下降，甚至有时会因为当天的工作完不成而熬夜加班。因此，我们必须要严格自律，在时间上管住自己，并制定相应的计划。什么时候睡觉、什么时候吃饭、什么时候工作、什么时候娱乐等都要有明确的时间规定，以保证有秩序的生活和高效的工作。

其次，要有责任心，独立自主。在居家办公的情况下，工作时间、工作内容以及工作量都是要我们自己安排、自定步调的。在这种没有外界压力的情况下，我们必须要有较强的责任感和事业心，积极主动，这样才能按时并保质保量地完成工作任务。另外，居家办公也要求我们具有一定的独立能力，在没有同事协助

---

① 百度百科. 信息素养[EB/OL]. https://baike.sogou.com/m/v164806.htm? rcer=u9PEAtwSIgzcD_pOD.

的情况下能够独立自主地完成各项工作。

最后，要善于学习，学会创新。在智能办公时代，很多工作都会被一些智能设备、软件及工具，甚至是机器人所替代和简化。为了更好地适应智能办公生活，人作为一种有智慧、有思想的高级动物，要善于从各种新鲜事物中获取一些新知识，学习一些新技能，完善自己的知识架构，充实头脑，同时提升自己各方面的技能，并在学习的过程中扩展自己的思维，积极进取，不断创新，从而更好地适应社会，顺应智能时代发展的需要。

另外，企业可以为智能办公提供一些技术、物质和服务方面的支持。比如，购置一些智能设备，配置完善的硬件设施，为智能办公提供基本的硬件设施支持；加强对企业员工的办公技能培训，为智能办公培养专业的技术型人力资源；完善相应的工作计划实施细则、业绩考核办法等规章制度，大力支持智能办公的新方式；加强企业智能办公的环境建设，培养员工对企业的归属感和文化认同。例如，亚马逊花 40 亿美元打造的 3 个大玻璃球办公楼，苹果公司花十年时间盖的“甜甜圈”办公大楼、Airbnb 居家式的办公大楼以及谷歌度假村的办公室等都体现了企业对智能办公环境的重视。对舒适、自由、智能的办公环境的极力打造有利于企业为员工创造一种更加真实、良好的办公体验，从而能够有效地提升员工办公效率，推动企业办公的智能化。

总体来看，面对正在普及的智能办公生活，我们应以一种积极的态度去迎接，主动参与，积极适应。企业和政府等也要大力支持、积极配合。多方合作，顺应时代的发展潮流，充分利用先进技术，共同推动办公走向智能化。

第五章

智能家居：生活进入声控时代

智能家居：家居行业的新潮流
令人神往：智能家居的应用全场景
必备条件：智能家居的设计原则和基本功能
智能之路：家庭生活智能化的困境与超越

尽管近几十年来，互联网的兴起已经从很多方面改变了我们的生活，但还是有很多传统家居行业、装修设计行业等在很大程度上维持着原有的状态。近几年来，随着物联网、大数据、云计算、人工智能技术的发展，一些更加智能、更加精准化的感应装置正在普及，产品更新周期缩短，升级换代加速，技术成分增加……一场智能家居革命正在兴起。在技术发展、需求升级、开发设计者及生产商的共同努力下，智能家居的市场潜力不可估量。未来，我们将会生活在一个“全屋智能”的智慧家庭之中。

一、智能家居：家居行业的新潮流

近几年，“智能家居”的概念逐渐在家具行业、装修行业等流行开来。智能家居成为家居的新潮流，同时也成为现代居家生活的代名词。那么，何为“智能家居”？其产生背景是怎样的？其演变过程与发展前景又将如何？

智能家居（Smart Home，Home Automation）是以住宅为平台，利用综合布线技术、网络通信技术、安全防范技术、自动控制技术、音视频技术将家居生活有关的设施集成，构建高效的住宅设施与家庭日程事务的管理系统，提升家居安全性、便利性、舒适性、艺术性，并实现环保节能的居住环境。[①] 简单来说，智能家居就是传统家居物联化、智能化的结果。智能家居属于物联网技术的一个分支，加上人工智能等技术的赋能，实现了互联互通的转型。其产生背景主要有以下三个方面。

首先，智能家居的出现是社会发展进步的一个必然结果。在人类历史文明的长河中，发生了很多变革，出现了很多新旧事物的交织更迭。但整体来看，人类社会总是在曲折的发展进程中不断前进的。新事物取代旧事物是发展的基本规律。随着社会的进步，人工智能技术以及物联网技术不断发展成熟，以大数据、云计算等技术为载体的智能时代到来。智能家居在这种大背景下顺应时代潮流和社会需要进入人们的视野。智能家居在传统家居的基础上，对传统家居中一些过时的、不能满足人们生活发展需要的方面加以改造，通过各种网络通信技术、综合布线技术、人工智能技术等将传统家居物联化，赋予其“智慧”，使其朝着互联互通、智能化的方向发展。

其次，不断发展成熟的物联网技术、ZigBee技术、大数据、人工智能等技术，是孕育智能家居的技术土壤。物联网技术（Internet of Things，IoT）起源于传媒领域，是信息科技产业的第三次革命。物联网是指通过信息传感设备，按约定的协议，将任何物体与网络相连接，通过信息传播媒介进行信息交换和通

① 搜狗百科.智能家居[EB/OL].https://baike.sogou.com/m/v220337.htm?rcer=u9PEAtwSIgzcD_pOD.

信，以实现智能化识别、定位、跟踪、监管等功能。[①] 智能家居的工作原理便是通过视频识别等信息传感设备将家居与网络连接起来，通过智能识别、跟踪、监测轻松获取家居的工作状态信息，再将这些信息通过通信技术等传输到人们手里，从而实现物与物之间、物与人之间的互联互通。此外，ZigBee 技术也在智能家居的实现过程中起到了不可忽视的重要作用。ZigBee 技术是一种短距离、低耗能的无线通信技术，主要运用于自动控制和远程控制领域。在智能家居中，当传感器之间信息感应中断、网络传输发生故障时，不需要人为干涉，ZigBee 技术便能自动修复这些问题，在智能家居的建设中发挥了巨大作用。

最后，消费结构的升级，对家居产品要求的提高是智能家居产生的动力。以往的家居产品只要能够满足人们生活的基本需求，实用、方便、物美价廉就行。但随着我国经济社会的转型和消费结构的不断升级，人们对家居产品的要求也越来越高。以往经济型、实用型的家居产品不再能够适应人们需求的变化，舒适、安全、便捷、智能化的家居产品转而为大众所追求。在这种消费动力和需求的指引下，家居产品智能化成了一场不可逆转的产品演变之旅。从手洗衣服到全自动智能洗衣机机洗、从手摇蒲扇到智能感温空调、从煤油灯到智能感应灯、从传统甑子到智能控温计时电饭煲……家居产品无一不印上时代的烙印，贴上“智能”的标签。

追溯智能家居的源头，首先得把眼光投到 30 多年前的美国康涅狄格州，这里出现了世界上第一幢智能型建筑。这幢建筑利用计算机技术将大楼里的建筑设备信息化、整合化，对电梯、照明等设备进行了智能监测和控制，从而打开了世界各国对智能建筑、智能家居的探索之路。

1998 年，微软公司面对中国消费者发布了一项“维纳斯”计划，利用中国庞大的电视机资源让中国消费者了解互联网，推销其廉价个人计算机替代品，并在 1999 年将此计划推向全球范围，进军信息家电领域。虽然最后以失败而告终，但在某程度上也推动了家电产业的信息化、智能化进程。2003 年，索尼、英特尔和微软等公司带头发起并成立“数字生活网络联盟”，旨在解决个人 PC、消费电器、移动设备在内的无线网络和有限网络的互联互通。[②] 把智能家居、消费数

① 搜狗百科. 物联网技术[EB/OL]. https://baike.sogou.com/m/v67765625.htm? rcer=h9PEAbzfvhwK27Pk2.

② 搜狗百科. 数字生活网络联盟[EB/OL]. https://baike.sogou.com/m/v62968294.htm? rcer=u9PEAtwSIgzcD_pOD.

码和网络宽频等诸多功能连接为一体，实现了家居产品的智能化。

从技术应用层面来看，在20世纪80年代初，随着大量的电子技术被广泛应用于家用电器中，“住宅电子化”面世。到了20世纪80年代中期，各种通信设备、安防设备以及家用电器的功能融为一体，形成了“住宅自动化”的概念。在20世纪80年代末的时候，由于网络通信技术、计算机技术、信息技术的不断发展，出现了通过家庭总线技术（Home Bus System，HBS）对住宅中各种家用电器、通信和安防设备进行监视、控制与管理的商用系统，在美国被称为Smart Home，这就是现在智能家居的原型。

随着家庭总线技术的成熟和物联网技术的兴起，21世纪初，人们开始了对家电设备智能化的探索，开发了一系列可以通过手机远程操作家居产品的智能设备。近几年，随着各项智能技术的发展和成熟，以往高成本、布线复杂的家庭总线技术渐渐被崛起的无线操纵技术所取代。

在中国，智能家居的发展历经了一个漫长的探索过程，大致可以分为萌芽期、开创期、徘徊期和融合演变期四个阶段。①

在萌芽期（1995—1999年），人们对智能家居的概念还只是一个模糊的认识。当时除了实行对外开放的深圳经济特区有一两家从事美国智能家居代理销售的公司之外，还没有出现专门服务于国内市场的智能家居厂商。

2000—2005年是我国智能家居的开创期。在这个时期，随着人民消费水平的升级、对生活品质的追求不断提高以及信息技术的发展和互联网的普及，北京、上海、天津、广州等经济发达城市先后成立了一些智能家居研发、生产企业，以满足国内市场的需求。在同一阶段，国外的智能家居产业的发展已经比较成熟，但没有进入中国市场。

2005年以后一直到2010年是我国智能家居发展的徘徊期。这个时期，国内智能家居的发展大致处于一个停滞甚至是走下坡路的状态。由于开创初期市场营销手段的不成熟和技术培训体系的不完善等一系列原因，智能家居产品的使用效果不理想、销售量下降等问题突出，导致这个时期很多企业不得不缩减规模或者转行。也正是在这个时期，大量国外智能家居企业乘虚而入，占领了大量的中国家居市场。

---

① 搜狐.中国智能家居发展经历的四个阶段[EB/OL]. http://m.sohu.com/a/84761229_426018.

2011年以来到现在是中国智能家居发展的融合演变期。智能家居在这个时期呈现出一个较好的发展趋势。各行业相继改革，吸收过往经验，行业之间加强交流，不断融合发展，使得智能家居的销量呈放量增长趋势，整体发展势头较好。

在接下来的几年里，随着互联网技术、5G技术和人工智能技术的不断发展，加之家居行业的技术革新、产品升级更新等因素影响，智能家居将进入一个相对快速的发展阶段。在未来，家庭、酒店、办公等生活和工作场所也会逐渐出现智能家居的身影，智能家居全方位场景化将会是大势所趋。

二、令人神往：智能家居的应用全场景

《道德经》曰："不出户，知天下；不窥牖，见天道。其出弥远，其知弥少。是以圣人不行而知，不见而明，不为而成。"在2 500年前，老子认为不出门便知天下事，那是圣人的事。而今天，随着互联网的兴起，我们人人都可以成为"圣人"。以前，人们只能靠想象孙悟空翻一个筋斗行十万八千里路，嫦娥拥有"仙术"才可以奔向月球。而今天，随着科学技术的发展，飞机时速可达几百千米，人造飞船可成功着陆月球……人们的梦想正在逐一变成现实。

纵观人类历史，人们经历了蛮荒时代、农耕时代、工业时代和信息时代。随着人工智能技术的突破和大爆发，我们正在进入智能时代。在智能时代，生产、生活的一切都将变得智能起来。

在生活领域，家庭作为生活、休息的主场所，是我们工作一天后肉体和心灵的庇护所。如果"家"有思想，能"心灵"感应到主人的想法，清楚地知道主人的需求，做出相应的判断和决策继而执行，该是一件多么奇妙的事情。

近几年来，随着5G、物联网、大数据、人工智能等技术的蓬勃发展，人们将红外探测、智能感应、智能监控、远程操控等技术综合应用到智能家居上，通过家居智能化打造一个"充满智慧"的全屋智能系统，实现人与家居之间的"心灵感应"。

在未来的家庭生活场景中，我们将会看到诸如以下不同时段的生活场景。[①]

起床情景，舒适自然。在以往的起床情景中，绝大多数人都会设置一个起床闹钟，每天起床都是被闹钟铃声吵醒，还有的人会在朦胧的睡意中顺手将闹钟关闭，而后继续入睡，这种无意识的行为很可能导致上班族起床匆忙、来不及吃早餐、上班迟到等后果。而在智能家居系统中，人们可以设置一个定时起床的模式。我们将会看到不一样的情景：距起床时间还有半个小时的时候，智能电动窗帘缓缓拉开，温柔的阳光洒进屋子，智能推窗器自动将窗户轻轻推开，微风吹进，舒适宜人。同时，卧室的轻音乐也缓缓响起，浴室的热水器，厨房的面包机、咖啡机开始工作。人们在这种模式下被“自然”唤醒，少了被闹钟吵醒的烦恼。起床后，直接进入浴室洗漱，无须再等上几分钟来烧水。洗漱完毕，面包、咖啡也已经备好。

离家情景，悠闲从容。在以往，每次出门上班，我们会匆忙地关电、关窗、关煤气，再黑灯瞎火地锁门。对于快节奏生活的我们来说，“健忘”也是一件常事儿，有时候走到半路突然想起空调忘关了、窗户忘关了……在智能家居模式下，这些烦恼和麻烦便通通全无。我们可以一键启动“离家模式”，这样所有家庭智能设备便会进入我们预先设置的状态。厨房、卧室、客厅的灯全部自动关闭，不需要待机的家电设备全部自动断电，智能窗帘、窗户自行关闭，智能安防系统进入工作状态。这样，我们无须再担心有什么家居设施忘关，且整个家庭都处于一个防护状态。

当有陌生人进入时，门外的红外感应器会自动将消息传递给主人；当煤气、天然气等发生意外泄漏，烟雾报警装备检测到空气中的燃气浓度增加时，会自动启动报警器通知主人，同时联动打开窗户、抽油烟机等进行通风；当遇上雷雨天气时，阳台上的智能晾衣竿还能根据天气状况自动升降，避免衣服被淋湿、刮走；当家中有老人、小孩时，我们也可以通过智能全角度网络摄像头查看家中的一切情况，随时监测家里的一切。当遇到紧急情况时，报警信息将会第一时间被推送至主人手里的智能 App 上，实施实时监控。

回家情景，轻松愉悦。以前回到家，我们要手脚忙乱地在包里翻钥匙，甚至有时候找了半天发现出门忘带钥匙还得找物业帮忙。进到家里我们又会忙于开

---

① 搜狐.智能家居 生活中的智能场景模式你知道几个？［EB/OL］. http://www. sohu. com/a/253006260_282212.

灯、开窗、开空调，有时候电视、空调等的遥控器还可能找不到。在外面忙活了一整天，下班回家还得为这些琐事烦心，整个人的情绪都不好了，心情也变得很糟糕。

在智能家居系统中，我们可以通过远程操作，在回家的路上便提前启动“回家模式”。这个时候，家里的空调会自动开启，并根据室外温度自动调至最适宜的温度，同时开启热水器。主人回家时只需要通过指纹或者密码解锁便能即刻开门，不再有忘带钥匙的烦恼。进入室内，房间早已是适宜的温度，灯光已调至最舒适的亮度，电视机已经打开，背景音乐缓缓响起欢迎主人回家，热水器也早已启动可直接洗漱，主人洗去一天的疲惫然后躺在沙发上看着自己喜欢的电视节目。

就餐情景，温馨浪漫。晚上我们和家人在一起吃饭，可以将智能家居系统调为“就餐模式”。这个时候，音箱会播放舒缓的音乐，灯光会变得柔和，营造一种家人在一起就餐时温馨、幸福、浪漫的氛围。此外，就完餐，若是我们还想和家人一起看个电影或者看看书什么的，智能家居也同样能满足我们的个性化需求。“影院模式”可以自动开启投影仪，放下投影幕布，环绕背景音乐，关闭所有照明灯，让我们在家也能感受到在影院一样的震撼效果。“阅读模式”会自动关闭电视机和所有音响设备等，将灯光调至护眼模式，为我们营造安静、优雅、护眼的阅读环境。

睡眠情景，安心舒适。在智能家居环境中，睡前我们再也不需要下床关灯了，只需要按下遥控器的“睡眠模式”，客厅、厨房、走廊、卧室的灯便会一一关闭，智能窗帘自动合上，计算机、电视机自动关闭电源，无线门磁、窗磁等传感器自动进入布防预警状态。若是遇上关了灯就睡不了觉的儿童等特殊状况，我们还可以设置“延迟睡眠模式”，在这种模式下，一切功能照常运作，只是卧室的灯会延迟一定的时间后再关闭，等儿童睡着后卧室灯再“悄悄”熄灭。

起夜情景，体贴入微。当我们在夜间起床，脚踩到地上的时候，床头的移动红外探测器探测到有人下床便会自动打开小夜灯（如图 5-1 所示），同时走廊和洗手间的灯也会打开并设置为温和的夜间模式，等人们回到床上，探测器一分钟未检测到人体移动，洗手间、走廊、卧室的夜灯便会自动关闭。

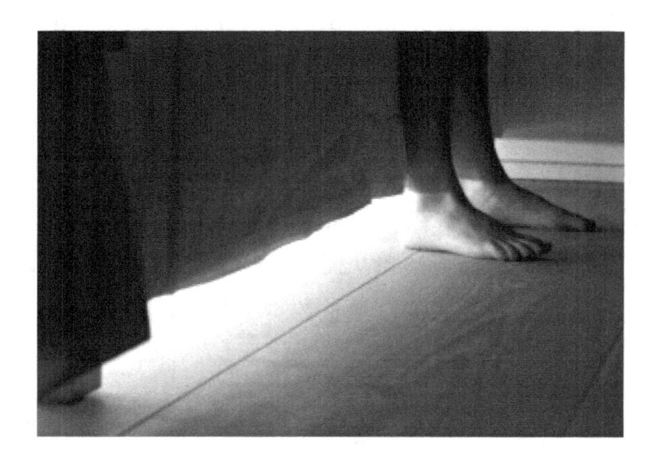

图 5-1 下床即亮①

除此之外，还有家庭“Party 情景”“娱乐情景”等一系列智能家居应用情景，无论是哪一种情景，正在实现和还未实现的都将在未来逐一实现。

三、必备条件：智能家居的设计原则和基本功能

近几年来，随着物联网、大数据、人工智能技术的不断发展，智能家居入驻家庭，使得人们的生活开始变得舒适、环保、便捷、高效起来。同时，智能家居在家装设计行业中的地位也逐渐凸显。传统的简单实用、质量过硬、物美价廉的设计原则已跟不上智能时代家居产品的设计要求。安全性、操作性、兼容性、稳定性（如图 5-2 所示）等成为家居产品设计时新的考虑因素，这也是众多智能家居的设计者在设计智能家居时必须遵循的基本原则。

智能家居设计必须遵循安全性原则。安全性是消费者购买任何产品时都要考虑的首要因素。智能家居虽然在很多方面会给我们的生活带来便捷，但其安全性仍然值得关注。比如，我们购买一道安装有智能门锁、需要通过指纹/密码/语音进行解锁的智能防盗门。只有唯一与之相匹配的指纹、密码或者语音才能对其进

① 搜狐[EB/OL]. http://sf6-ttcdn-tos.pstatp.com/obj/temai/FphCirlNien-7P1G--UR0eFiENP4.jpg?imageVi.

行解锁，从正面上看好像安全性还是很高的，但从反面来看，其被破坏的程度又有多高呢？如果这道门很容易就被破坏了，那么这种所谓的“即触即开”的便捷式指纹解锁或者语音解锁的功能还能照常发挥吗？其次，在智能家居日益普及的今天，信息的开放性和共享性加强了用户与外界的沟通交流，某些系统之间也是互联互通的。那么，是否会存在这样的情况：邻里之间购买了同一系列同一控制系统下的同一产品，这些产品会被相互控制吗？这些已经显现以及还未显现出来的潜在的安全性问题，是智能家居设计时必须要考虑的因素。

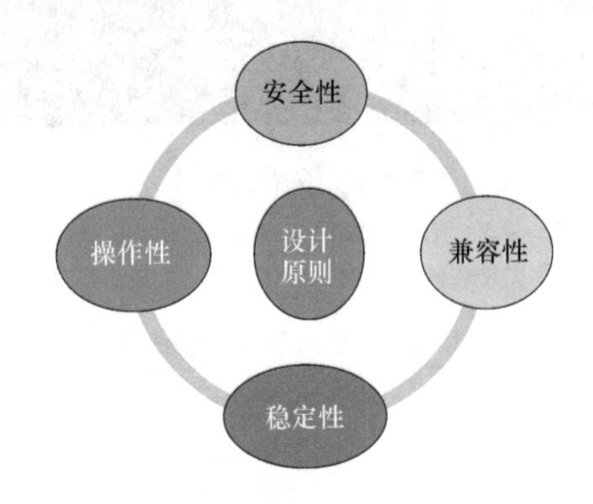

图 5-2　智能家居的设计原则

智能家居设计要遵循简单、易操作的原则。面对未来客厅、厨房、卧室、洗手间、阳台无处不有、琳琅满目的智能家居产品，我们操作起来是否会很麻烦？这是未来所有智能家居消费者关注的问题。是否会有无数个开关和遥控器，这个开关控制这个设备，那个遥控器操作那个设备？这是在智能家居上市之前我们不得不考虑的问题。因此，在智能家居的设计过程中，要遵循简单、易操作的原则。目前，智能家居已经根据不同需求设计出多种控制系统，譬如，网络化控制系统、集中控制系统和无线遥控系统，这些系统简单、易操作，且有多种功能选择，既能集中统一控制家里的家居设备，又能有针对性地独立控制，能够满足消费者多样化、个性化的需求。

比如，网络化控制系统有全开、全关的功能和可变开关的功能，全开、全关主要适用于回家和出门两种场景，我们可以通过全开或者全关功能来使家里的所有智能家居产品开始运作或者停止运作，在有必要时还可以重新设置开关的功能按钮，改变控制对象。在晚上睡觉时，可以采用集中控制系统，对家庭所有的智能设备进行集中统一控制。另外，无线遥控系统的设计也会显得更加贴心，在家中的任意位置都可以通过无线遥控系统来操作我们的家居设备。

智能家居设计要尽可能地遵循兼容性原则。如果不同的智能家居产品在信息传输上采用的是不同标准的网络协议，那么就无法保证智能家居系统的兼容性和扩展性。为此，智能家居系统在设计方案上，应尽可能地兼顾兼容性和扩展性，依据国家或地区标准，采用通用的网络技术协议，以保证不同生产商系统之间的兼容和互通，以及本系统控制下的设备与未来不断发展的第三方受控设备之间的互联互通。

智能家居的设计要遵循系统稳定性原则。在选购智能家居的过程中，系统的稳定性也是消费者考虑的一个重要因素。因为这关乎智能家居的生命周期、使用时长、使用效果以及后期维修等方方面面。智能家居的稳定性主要包括系统运行稳定、运行时间稳定、线路结构稳定和集成功能稳定。长时间稳定、通畅、无阻碍的运行是一个高性能智能家居设备的基本追求。因此，一个成功的智能家居设计方案必须要将系统的稳定性作为一项基本原则。

兼具安全、兼容、稳定等基本特性的智能家居又具备哪些功能呢？与其说我们买的是产品的性能，还不如说我们买的是产品的功能。产品性能只是我们评价产品本身优劣的一个标准，产品功能才是我们真正使用产品时所关心的。智能家居系统的功能主要体现在安防预警、智能控制、智能环境营造三方面。

安防预警功能。提到安防预警，我们首先想到的可能就是安防设备了。那么，在智能家居系统中有哪些智能安防设备？它们是如何起到安防预警作用的？

当我们离家外出时，在智能家居的安全防护下，整个家庭会处于一种布防状态。当有人试图开门或者爬窗时，门磁或者窗磁感应器感应到门窗被打开，系统便会立即将报警消息推送给外出的业主。业主可以通过家中的智能全方位摄像机查看情况，若发现是非法入侵等情况便可及时给小区物业管理人员打电话，以便尽快前往处理，起到一个即使业主外出也能智能防盗的作用。

当家中无人时，若厨房发生煤气、天然气意外泄漏事故，安装在家中的无线燃气泄漏传感器设备检测到空气中燃气的浓度超标，便会发出报警声并联动关闭煤气阀、打开排气扇，将报警信息推送至主人手机，防止火灾等情况的发生。

除了上面两种情境中出现的门磁和窗磁感应器、智能全方位摄像机、燃气泄漏传感器外，还有诸如烟雾检测器、无线水浸传感器、无线人体红外传感器等一系列智能安防设备。烟雾检测器可以探测到空气中的甲醛、一氧化碳等有毒气体并发出警报；无线水浸传感器一般安装在厨房或者卫生间，可以实时监测家庭用水安全；无线人体红外传感器可以监测特定区域动态，发现可疑人物，也可以在夜间感应人体移动，为主人起夜开灯照明，减少意外情况发生。

智能控制功能。智能家居与传统家居最大的不同便在于智能家居可以通过多种智能化的方式对家居产品进行控制。随着智能控制系统的不断更新升级，我们不用再手动打开电视、冰箱，手动拉厚重的窗帘，手动关饮水机等家电、家居设备。只需借助一个 App 或智能面板便可以轻松做到在家无线遥控，在外远程网络、电话控制所有的家电设备。此外，我们还可以通过定时控制、场景控制、全宅手机控制（如图 5-3 所示）、集中控制等多种控制方式对智能家居设备进行控制，使得一切设备皆在你的掌控之中。

图 5-3　全宅手机控制图①

智能环境营造功能。智能家居所具备的智能环境营造功能主要是指智能灯光、空调、音乐等设备自动感知并为用户营造的一种智能环境。智能灯光可以根据人们的活动，如聚会、看电影、就餐、阅读、睡觉等智能调整灯光的亮度、舒适度以及灯光效果。智能空调可以智能感应室外温度、人体体温等，并自动调节空调温度，为用户提供一个舒适、健康的室内环境。此外，智能音乐设备还可以在沐浴、阅读、用餐、做家务、睡觉等多种场合播放不同风格和类型的背景音乐，让我们轻松享受充满趣味的居家生活。

目前，虽然智能家居还未完全普及，但随着物联网、人工智能技术的不断发展，智能家居将会越来越多地应用于人们的生活当中，将人类从繁杂、琐碎的家务中解放出来，摆脱“人”打理“家”的模式，让“家”真正服务于“人”。

---

① 百度. 全宅手机控制图片[EB/OL]. http://m.znjj.tv/uploadfiles/2018-05/20180518164722116.jpg.

四、智能之路：家庭生活智能化的困境与超越

提到智能家居，我们首先会想到什么？智能？高端？大气？昂贵？可能都有。智能家居作为一种智能、环保、高效、便捷的家居无疑会成为未来人们的理想家居首选。但是，自“智能家居”的概念提出到现在30多年以来，智能家居在我国的普及率并不是很高。据2018年对智能家居普及率的统计可知，美国约有15%的人使用智能家居，在全球智能家居的普及率中占压倒式优势。其次是英国，普及率为8%。而中国智能家居的普及率仅为1%。究其原因，主要有以下几个方面。

第一，智能家居的知晓程度不高，人们普遍接受困难。在智能家居产品落地之前，人们通常只是在电视或电影里看到智能家居的影子，甚至是以一种虚拟场景的形式出现在荧屏上的，这无疑给人一种高端上档次、豪华奢侈的感觉，同时也会给人留下一种诸如价格昂贵、安装复杂的印象。另外，由于技术不成熟，我国智能家居产业的起步较晚，且经历了一个漫长的探索过程，落地也较慢，可以借鉴的成功案例和经验都比较少。作为一个新兴的行业，智能家居在市场上较少，以致在产业发展初期，人们在生活中很少有机会能够直接体验这种智能家居带来的便捷。这种荧屏上高端、奢华的初步印象以及对智能家居产品的功能、性能等各方面的不了解，使得人们对智能家居的认知相对模糊、滞后。

新事物的崛起首先要有一个“众所周知”的过程，给予人们一定的时间去了解、熟知，其次才是“接受”的过程。智能家居作为一种新事物，在普及之前，必须在产品功能、性能等方面为人所知，只有当人们从认知上接受、认可这种事物后，才会去助推这种事物的发展。

第二，需求不足，人们的消费意愿较低。虽然从一开始，智能家居便打着智能便捷、高效舒适、环保健康等口号，在安全性、便捷程度等众多方面显示出超越传统家居的巨大优势，但在智能家居的实际效果还未真正被消费者体验、承认之前，这些优势是不是优势，安全性如何，仍然是个未解之谜。许多人都只是抱着一种半信半疑的心态观望。加之，智能家居虽然是消费结构升级下传统家居最好的替代品，但就目前来说，传统家居最基本的实用性、舒适性等性能还是大致

能够满足大多数消费者需要的。因此，对智能家居的需求并未形成刚需，这是智能家居普及率不高的一个重要原因。对家居智能化、信息安全和个人隐私安全的担忧和智能家居本身各方面性能的怀疑，以及消费意愿不强烈等综合原因，也导致了智能家居的普及率不高。

第三，售价过高，使得消费者跃跃欲试却又望而却步。智能家居产品的研发、设计以及生产过程需要依靠大量的技术支撑，生产流程烦琐、周期长、技术和人力成本高等一系列原因，使得智能家居产品在销售过程中价格昂贵。很多人都迫不及待地想要尝试这类“高端”产品可能带来的各种高效、便捷的体验时，却又因为昂贵的价格望而却步。举个通俗的例子，当普通的门锁和智能门锁都同样具有安防功能时，绝大多数的消费者都不太愿意花高昂的价格去体验智能门锁带来的那种“不确定性”的便捷功能。因此，最初智能家居企业对客户的定位也只定位于高端消费群体。这种单一的高端消费群体定位及产品本身的价格原因使得智能家居的普及步伐进一步放慢。

第四，行业技术标准不统一，降低了智能家居的普及率。由于智能家居行业兴起不久、产业链形成不完善、各项产品的生产体制未健全、各项技术未形成综合体系、行业技术标准不统一等，给智能家居的普及造成了一定的阻碍。在智能家居的生产过程中，每一种产品都有协议端口，可以采用不同的技术接入，如蓝牙（Bluetooth）、无线局域网技术（Wi-Fi）、射频技术（RFID）、ZigBee 技术等。为了维护自身的利益，各企业均依照自己的标准采用自己的技术。这样就导致了行业内技术标准不统一，产品间不兼容等问题的出现。

例如，消费者购买了一个品牌的空调，购买了另一个品牌的门锁。由于两种品牌之间采用的技术标准不统一，系统也不一样，这样就无法保证两种设备之间的联动，达不到开门即开空调的效果。这种情况也会给顾客选购产品带来很多困扰：如果选购 A 系列的门锁，那么最好也选购 A 系列的空调，这样才可以保证两种设备之间的联动互通。还有一种情况就是，如果某一设备的某一部件坏了，就必须选购与之前产品配置相同的部件，这样才可以做到新配件与原设备之间的兼容。这两种情况都会给顾客购买产品带来很大的限制。行业技术标准不统一、产品不兼容、企业各自为政使得智能家居行业整体发展滞后，更新换代慢。

第五，人才短缺，售后服务无力给智能家居消费者带来的体验感较差。智能时代的到来和智能家居的兴起需要越来越多的综合型技术人才。这对各个行业的企业员工也提出了更高的要求。原本只需要“术业专攻”，但现在要做到“术业全通”。举个例子，做售后服务，只会修冰箱不会修空调，那么当客户遇到问题时，便只能检查冰箱本身是否出故障，而不知道其他设备的运行状态。这个时候到底是冰箱本身的问题还是空调或者其他设备联动引起的问题？抑或是网络问题、手机 App 问题？

面对这些发展困境，我们可以从调整定位、扩大宣传、统一技术标准、加强技术研发、加强校企合作培养复合型人才等方面入手，帮助智能家居产业走出困境，找到新的发展机遇。

调整定位，扩大宣传。智能家居要想得到全面普及，首先要找准定位。企业要调整以往主要面对高端消费群体的客户定位，依据高端消费群体、普通消费群体、老弱病残消费群体等不同消费群体，制定不同档次的智能家居生产计划。面对高端用户，可以采用最新尖端技术研发高质量、高性能的产品，让高端消费群体在有能力消费的同时体验到更先进、更高端的服务。生产小集成化、高性价比的产品以更好地迎合普通用户的需求。针对老弱病残消费群体，生产商则更多的是需要将方便易操作、医疗健康等纳入考虑范围。

在公众对智能家居产品不是很了解的情况下，可以通过电视、计算机、网络等加大对智能家居功能、性价比、操作步骤等各方面的宣传。在扩大智能家居受众范围和知名度的同时，提高人们对智能家居的认知和接受度，从而为后期销售打下基础。

统一行业技术标准，加强交流与合作。针对现在市场上智能家居行业技术标准不统一的现状，政府出台相关政策加以引导，制定统一的行业技术标准刻不容缓。同时，企业之间也要加强交流与合作，分享并借鉴行业内外经验，互利互惠。必要时还可以加盟生产、分工协作，共同推动产品的更新换代。

加强技术研发，消除用户疑虑。除了智能家居产品本身所依赖和套用的基本技术，如物联网技术、ZigBee 无线通信技术、人体红外传感技术之外，企业还应该加强对提升产品性能、增强设备安全性等方面的技术研发，为未来智能家居产品的更新、升级做准备。在消除用户对智能家居的安全性等方面的疑虑上，除了在生产过程中不断完善有关技术，研发低成本、高安全性的智能家居产品外，企业也要在用户使用智能家居产品的过程中保障用户各方面的隐私安全，确保智能家居系统搜集的数据资料在使用过程中的安全性和可靠性。一方面，给系统设置一定的权限，系统必须经过用户的授权和验证才能启动；另一方面，加强对系统服务人员的培训和约束，使其自觉遵守职业道德和相关法律规范，对用户的相关信息进行保密。

校企合作，培养综合型技术人才。在人才短缺、售后服务无力的情况下，企业要找准人才培养的方向。通过与高职院校、技术院校等开展合作，联合培养智能家居行业所需的综合型技术人才。一方面，可以为这些高等职业院校、技术院校学生的就业提供机会；另一方面，也为企业后续储备人才找到了途径。

基于物联网技术，智能家居将随着人工智能技术日新月异的发展，不断突破发展困境，实现超越。在未来，智能家居打造下的“全屋智能”环境会使得我们的生活面貌焕然一新。“全屋智能”下的智慧生活将触手可及。

第六章

智能穿戴：让智能离生活更近

智能穿戴：一个被广泛关注的智能生活领域
发展历程：智能穿戴的历史演进与发展趋势
医疗领域：智能穿戴着重健康生活
教育领域：智能穿戴关注个性化学习生活
娱乐领域：智能穿戴让虚拟生活“现身”

人工智能是经济发展的新引擎、社会发展的加速器。当下，人工智能技术正在向生产、生活的方方面面渗透。近几年，在科技界，“智能穿戴”可谓独领风骚。随着可穿戴设备的不断发展演变以及科技创新不断带来新面孔，智能穿戴受到越来越多的企业和消费者的关注。虽然就目前来看，智能穿戴市场的发展还处于初期阶段，但随着5G、大数据、云计算、移动互联网、人工智能等技术的深入发展，智能穿戴必将延伸到医疗健康、学习教育、时尚娱乐等众多应用领域，极具发展潜力——在未来的生活中，从头到脚，各种智能化的服饰使得人类在医疗、教育、娱乐等领域的生活变得更加高效、智慧。

一、智能穿戴：一个被广泛关注的智能生活领域

在过去的几十年里，各种带有特效和神奇功能的智能穿戴常常出现在科幻作品中。近几年，随着物联网、人工智能等新技术的发展，智能穿戴技术和设备以其多功能、可集成等特点在人们的日常生活中引起了广泛的关注。

智能穿戴又名可穿戴设备，是应用穿戴式技术对日常穿戴进行智能化设计、开发出的可以穿戴的设备的总称，如眼镜、手套、手表、项链、手链、服饰及鞋等。[①] 广义的穿戴式智能设备功能全、尺寸大、可不依赖智能手机实现完整或者部分的智能功能。例如，智能手表或智能眼镜等，以及只专注于某一类应用功能，需要和其他设备（如智能手机）配合使用的各类进行体征监测的智能手环、智能首饰等。随着技术的进步以及用户需求的变化，可穿戴式智能设备的形态与应用热点也在不断地变化。[②]

智能穿戴设备融合 RFID 射频识别、红外线感应器、GPS（全球定位系统）、传感器、VR（虚拟现实）、AR（增强现实）等技术，实现与人和环境的实时互动，并通过大数据和互联网云平台将相关数据和信息进行收集、处理并共享。

智能穿戴按功能可分为四类：智能定位类、智能监测类、智能交互类、智能材料类（如图 6-1 所示）。

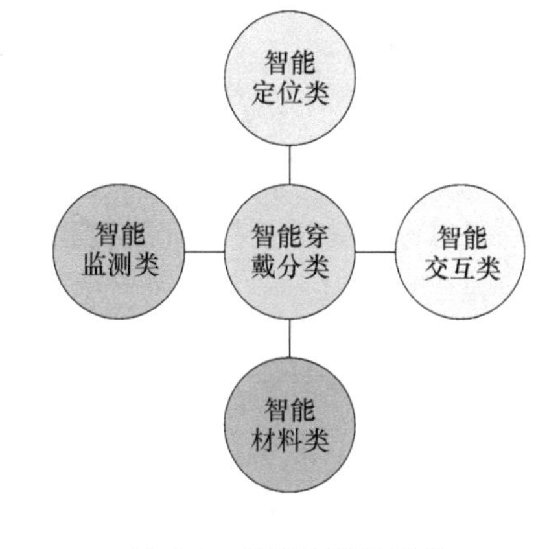

图 6-1　智能穿戴的种类

目前智能定位类的智能穿戴产品在市场上应用得最多、最广泛，主要有智能定位手表、智能定位鞋、智能定位服

① 百度. 智能穿戴[EB/OL]. https://baike.baidu.com/item/%E6%99%BA%E8%83%BD%E7%A9%BF%E6%88%B4/8089852.

② 百度. 穿戴式智能设备[EB/OL]. https://baike.baidu.com/item/%E7%A9%BF%E6%88%B4%E5%BC%8F%E6%99%BA%E8%83%BD%E8%AE%BE%E5%A4%87/1886368?fr=aladdin.

装等。

智能定位手表具有较强的信息处理能力，以定位为主要功能，集双向通话、SOS求救、远程监听、智能防丢、历史轨迹等于一体，比如，我们常见的小天才电话手表（如图6-2所示）。小天才电话手表是专门针对中国儿童设计的一款智能手表，它将优秀的儿童教育理念与现代智能科技结合在一起，针对儿童的需要，开发了打电话、智能定位、微聊、交友等多项功能。小天才电话手表目前在儿童市场销售较为火热，基本上有孩子的家庭都会为孩子购买这样一部智能手表。小天才电话手表如此受青睐的原因主要有以下几个方面。

图6-2 小天才电话手表[①]

一是体积小，方便携带。手表不像书包这样体积大而重，基本上每个孩子都可以人手一部。

二是个性化设计，外形美观。即使是小孩子，也有自己独特的审美能力。小天才考虑到男孩、女孩对颜色的不同偏好，设计了不同颜色、不同款式的手表，以迎合儿童的口味，使他们乐意戴这种有吸引力的手表。

三是功能齐全，这也是最重要的一点。小天才手表最受欢迎的功能便是微聊和定位功能。当孩子一个人在家或者不在父母身边时，即使孩子身边没有手机可以打电话，也可以通过电话手表留言或者微聊联系父母。在孩子放学时，父母可以通过绑定在手机上的小天才电话手表App给孩子留言在哪里接孩子。特殊情

① 搜狗百科．小天才电话手表[EB/OL]. http://pic. baike. soso. com/ugc/baikepic2/15143/cut-20180424074030-1137072389_jpg_473_316_23260.jpg/800.

况下，如果孩子没有等到父母来接自己走了，父母也可以根据手机 App 显示的定位找到孩子。

智能定位鞋除了本身的穿戴功能，最重要的便是它的定位功能。这类产品主要针对高龄老人和低龄儿童，兼具精准定位、远程守护、实景地图、紧急报警、历史轨迹、低电提醒、导航等功能。以智能童鞋为例，自 2014 年北京爱丽丝幻橙科技有限公司宣布推出全球第一款智能 GPS 定位童鞋——budiu 智能定位童鞋（如图 6-3 所示）以来，智能定位鞋的市场便逐步扩大。budiu 智能童鞋构造简单，鞋子里安装有一个芯片，与手机端的“budiu” App 相连，家长便能通过手机客户端实时了解孩子的位置，且能看到孩子所在地的实景地图。此外，家长还可以给孩子划定一个安全区域。当孩子超出这个安全区域时，便会自动发出报警信号，将报警消息推送给家长，以达到实时定位、随时看护孩子的效果。利用 budiu 鞋的实时定位功能，家长还可以以孩子的位置为目的地，通过手机导航软件找到孩子，确保孩子的安全。

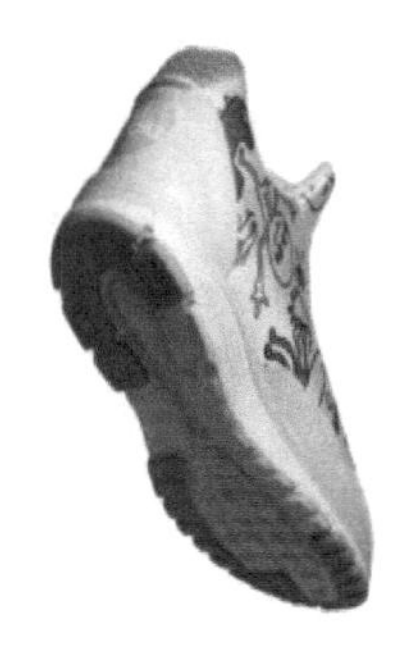

图 6-3　步丢（budiu）鞋[①]

智能定位服装与智能定位鞋设计原理类似，都是将具有智能定位功能的芯片嵌入服饰内，如鞋子内部，衣领、衣袖、纽扣上，甚至是服装饰品上。譬如“芭乐兔”创新推出的“走不丢的孩子”智能防丢童装、“小猪芭那”智能童装、“哈儿堡”智能童装等，在设定的距离范围内，都具有防丢、报警提示、搜寻功能，且孩子穿在身上舒适、安全，能够全天候使用，有效地解决了家长带孩子出去玩怕走丢、送孩子上学怕乱跑的问题。

智能定位类的智能穿戴除了智能定位手表、定位鞋、定位服装外，还有诸如

---

① 百度. budiu[EB/OL]. https://baike.baidu.com/item/budiu/15390954? fr=aladdin.

智能定位书包、智能头盔、智能眼镜、智能手环、智能钥匙扣、智能徽章等一系列智能穿戴产品。这类产品的问世为孩子的出行安全提供了很大的保障。

智能监测类的智能穿戴设备的功能主要集中在健康监测、运动监测、环境监测方面。首先，智能穿戴设备可以对人体各项参数进行监测，如血压、心率、体温、睡眠质量等。通过对人体参数进行实时读取、记录与分析，再将这些参数统计结果反馈到用户手机上，从而为用户了解自身或者家人的身体健康状况提供有效的参考。譬如，智能变色服可以随人体温度的升高而变色，很好地监测家中老人或者小孩是否发烧。其次，智能穿戴设备还具备运动监测功能，可以对用户的登山、跑步等运动数据进行记录分析。最后，智能穿戴设备还能对周围环境数据进行读取，如室内温度、空调湿度、空气质量等，从而为人们的日常生活提供便利。

智能交互类的智能穿戴产品主要特点在“交互”上，目前市场上的应用还不多，尚处于一个尝试阶段。这类产品大多是将诸如芯片这类电子设备嵌入穿戴产品中，通过智能穿戴产品与人之间的信息“沟通”，接收指令并完成指令。例如，美国爱达荷州一个叫莫铎（Juan Murdoch）的男子发明了一种“会自动讲故事的睡衣”。会讲故事的睡衣的设计灵感来自快速响应矩阵码（QR Code）。莫铎在孩子的睡衣上设计了很多点，每一个点其实就相当于一个条形码。用智能手机配合“Smart PJs”App 扫描这些点，每一个点就是一个故事。这些故事可以以文字的形式呈现在手机屏幕上让孩子自己读，也可以讲给孩子听。

智能材料类的智能穿戴产品是借助特殊材料或特殊面料制作成衣服，这些特殊材料本身的特性使得智能材料类服装具有与普通服装不一样的功效。譬如，美国于 2016 年提出了“革命性纤维与织物”的国家级战略计划，目标是融合传统和现代技术，开发具有可视、可听、可感知、信息传感、温度调节、抗菌、变色等功能的纤维织物产品。再如，英国设计师瑞安·亚辛（Ryan Yasin）发明的可与孩子一起“长大”的智能童装（如图 6-4 所示）采用的是一种褶皱的面料，可随着孩子身型而变宽拉长。且这种褶皱服装不仅防水，还可以机洗，在省时、省力的同时还节约了孩子的穿戴成本。

图 6-4　可与孩子一起“长大”的智能童装①

随着 5G 时代的来临、物联网技术的进步、人工智能技术的发展，更多的智能设备将得到整合应用。智能穿戴设备将会如雨后春笋般“现身”于人们的生活中，并不断趋于多元化，使得我们的生活更加高效、便捷。

二、发展历程：智能穿戴的历史演进与发展趋势

从最初荧屏上的智能穿戴设备形象到现在人们日常生活中随处可见的智能穿戴产品，如现在热销的小米手环，可谓是一个智能穿戴从科幻走向现实的过程。在这个过程中，智能穿戴设备“从一到多”，即从一个领域到多个领域逐渐发展起来。

从发展的时间轨迹来看，智能穿戴设备的发展大致可分为思想与雏形阶段（20 世纪 50—70 年代）、形态初现阶段（20 世纪 70—80 年代）、发展阶段（20 世

① 朱佩. 英国设计师发明可与孩子一起“长大”的衣服[EB/OL]. [2017-09-08]. http://www.kepuchina.cn/qykj/yykx/201709/t20170908_223501.shtml.

纪 80—90 年代）、蓬勃发展阶段（20 世纪末至今）四个阶段。[①]

第一，在思想与雏形阶段（20 世纪 50—70 年代）。源于特殊的需要，可穿戴设备作为一种特殊的功用被开发出来。之所以说特殊，最主要还是因为其适用场合的特殊——赌场。在美国的很多地区（如拉斯维加斯）都盛行博彩业。早在很多年前，有些人为了能够在赌场中取胜，便开始采用诸如小型摄像头、对讲机等一系列设备与同伴保持联系，以获得更大的胜算。1955 年，麻省理工学院的教授爱德华·索普（Edward Thorp）因同样的想法，在他的第 2 版赌博辅导书 *Beat the Dealer* 中，提出了一个关于利用可穿戴计算机提高在赌场中的胜算的点子，此后他便与一位同伴合作开发出了这款可穿戴计算机设备，且成功地运用于赌场，提高了轮盘赌胜率。

之后，在爱德华·索普教授的可穿戴计算机的启发下，Keith Taft 开发了一款用脚指头操作的计算机设备，这款计算机设备同样用于赌场，不过最后却以失败而告终。可穿戴设备最初便是在这种特殊场合、特殊需要下产生的。

第二，形态初现阶段（20 世纪 70—80 年代）。随着人们对可穿戴设备的不断探索与开发，可穿戴设备逐渐摆脱赌场，走入人们的生活。1975 年，Hamilton Watch 推出的 Pulsar 计算器手表虽未正式发布，但也在当时引起了一定的反响。两年后，Collins 特意为盲人设计了一款可穿戴设备，这款可穿戴设备利用头盔式摄像头将图片信息转换为背心上的视觉网格，从而帮助盲人识别物体。1979 年，索尼（Sony）公司推出一款名为 Walkman 的卡带随身听用于通信。尽管这些设备形态各异，有着不同的功能，适用于不同的场合，但都展现了可穿戴设备的最初形态。

第三，发展阶段（20 世纪 80—90 年代）。不得不提起一位对可穿戴设备的发展起到很大推动作用的“达人”——史蒂夫·曼恩（Steve Mann）。致力于解决自身视力问题，Steve Mann 在高中时便给自己设计了一款“计算机背包”。这款背包将计算机连接到带有钢架的背包上，通过计算机来实现对摄影装备的控制。这款设备同时也相当于一个背包式的计算机，通过图片的采集、转换，将图片信息通过显示屏传达给视网膜和大脑，以此来辅助提高视力，兼具文本、图像、多媒体等功能。后来，Steve Mann 又特意在自己的右眼上装了一个可连接计算机和互联网的显示屏（如图 6-5 所示），被看作是第一台可穿戴眼镜。在此

---

① 吴畏. 可穿戴设备的发展史[EB/OL]. http://m.elecfans.com/article/776797.html.

后的十几年内，数字手表、头戴式显示屏、手持 GPS 设备、胸章、腕式计算机等可穿戴设备陆续诞生。

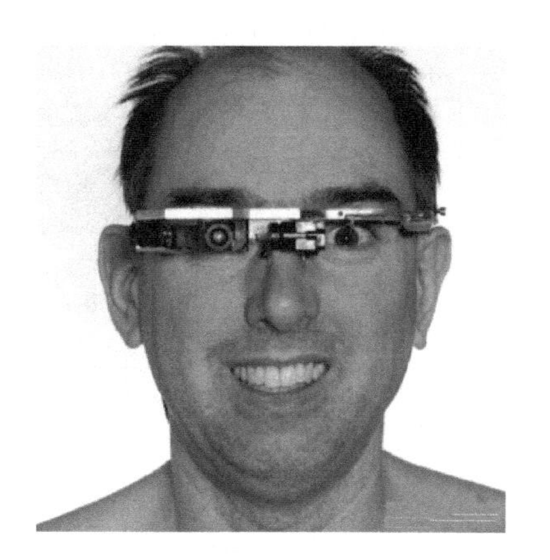

图 6-5 Steve Mann 设计的显示屏①

第四，20 世纪末至今。这是可穿戴设备的蓬勃发展阶段。在此期间，可穿戴设备得到了迅速发展，无论是在应用领域上还是在产业规模上，都呈现出一种不断扩大的态势。按其形态来看，可穿戴设备主要有头戴类（主要有眼镜、头显、发带、耳机、耳环等）、手戴类（主要有手表、腕带、手环、戒指等）以及服饰类（如衣服、鞋子、书包等）。表 6-1 所示是 20 世纪以来可穿戴设备发展的部分阶段性成果。

表 6-1 可穿戴设备发展的阶段性成果①

时间	可穿戴设备名称	简介
2002 年	耳机	全球首款蓝牙耳机
2006 年	运动套件	耐克和苹果联合推出，可将用户的运动情况同步到 iPod 中
2008 年	Fitbit Tracker 健身设备	Fitbit 公司推出，可追踪用户的步数、行走距离、热量消耗、运动强度和睡眠状态等
2010 年	AiRScounter 头戴式显示器	Brother 推出，可将大小相当于 14 英寸屏幕的内容投影到用户前方 1 米左右的地方
2011 年	Up 健身腕带	Jawbone 推出，可与智能手机应用关联，进而对睡眠、运动、饮食状况进行追踪
2012 年	SmartWatch 手表	索尼推出，可通过蓝牙与 Android 手机相连，提供健身和健康追踪、上网、语音导航等功能

① 吴畏. 可穿戴设备的发展史[EB/OL]. http://m.elecfans.com/article/776797.html.

续表

时间	可穿戴设备名称	简介
2012年	Pebble智能手表	兼容iPhone和Android手机系统，可查看iMessage短信、显示来电信息、浏览网页，实时提醒用户邮件、短信、微博和社交网络信息
2013年	眼镜	谷歌公司发布“拓展现实”的眼镜，可通过声音控制拍照、视频通话和辨明方向、上网冲浪、处理文字信息和电子邮件等
2013年	咕咚手环	百度推出，该设备支持运动提醒，可记录睡眠，但没有通信功能
2014年	G Watch和Moto 360智能手表	LG和摩托罗拉公司于2014年8月推出，该设备搭载谷歌推出的Android Wear系统使用
2014年	智能手环	华为于2014年的CES展会上发布，该产品在拥有运动、睡眠等常规监测性质功能的同时也具备蓝牙耳机功能
2016年	响应式服装	英特尔联手运动服装设计师Chromat推出，可利用传感器收集心跳、体温等人体生理信号，可通过在衣服中集成的形状记忆合金使衣服变形
2016年	智能腰带	三星研发，该腰带可追踪用户的腰围、步数和饮食三大健康指标，同时还搭载计步器
2018年	Rokid Glass AR眼镜	该眼镜拥有独创的单镜片AR光学技术，支持惯性传感器，支持骨传导技术+麦克风阵列的音频技术，支持人脸识别功能和物体识别功能
2018年	Xenxo S-Ring智能戒指	通过蓝牙与计算机或iPhone相连，可进行买单、通话，拥有防丢提醒、闹钟、运动记录等功能

尽管可穿戴设备近几年来在各个领域不断延伸、不断被炒得火热起来，但细究其发展现状，可穿戴设备仍然面临着一些有待突破的瓶颈问题。主要表现在以下三个方面。

一是设备的独立性有待提高。目前的可穿戴设备绝大多数都是依附于智能手机这类设备上，充当智能手机的“配件”，必须通过无线蓝牙等连接手机才能发挥其作用，一旦脱离智能手机，这些设备便无法独立使用。

二是设备的功能有待完善。目前的可穿戴设备虽说应用领域广泛，且具备运动数据记录、体质健康监测、定位追踪、通信等诸多功能，但在某些特定领域仍然存在未开发的市场前景。据美国弗雷斯特研究公司（Forrester Research）曾针对可穿戴设备展开的一项调查研究显示，有44%的人希望可穿戴设备可以帮助他们锁车门、房门，30%的人希望可穿戴设备可以根据他们的秉性来推荐应用。可见，虽然目前可穿戴设备已经在许多方面得到了应用，但仍然有很多功能有待开发和完善。

三是设备的价格昂贵，普及率低。由于开发成本高和技术要求严苛等方面的原因，从目前发布的可穿戴设备来看，其价格尚未平民化。①

随着技术的进步、可穿戴设备构件（如传感器）价格的下降等，相信可穿戴设备价格的平民化、应用的日常化只是时间的问题。

随着物联网、大数据、云计算、人工智能等新一代信息技术的发展，智能穿戴设备将呈现出以下发展趋势。

首先，大数据和云计算等技术的应用将更加广泛。在目前的智能穿戴产品市场中，智能定位类、体质监测类穿戴产品占据了主流地位。随着大数据和云计算等技术的逐渐发展，智能定位、运动数据、体质监测数据等信息将更加精确，运算分析将更加高效。除此之外，大数据、云计算技术也将在其他可穿戴设备中得到越来越多的应用。

其次，人机交互是未来智能穿戴设备的重点发展方向。目前的可穿戴设备很多都是“依附”于智能手机等 App，通过手机 App 的相关操作使得可穿戴设备完成相关指令。在未来，体感交互、语音交互、触觉交互、动作交互等是智能穿戴设备的重点发展方向。

再次，可穿戴设备将朝着更加个性化、智能化的方向发展。随着各项技术的逐渐发展与成熟，消费者对于可穿戴设备的个性化需求不断凸显、对生活品质的追求不断提高。在这种消费需求及高品质生活质量的追求下，可穿戴设备也将朝着更加个性化、智能化与便捷化的方向发展，以尽可能地符合消费者的需求，满足人们个性化、高品质的生活追求。

最后，产品的整合与细分趋势并存。从可穿戴设备产品本身来看，未来将会是一个不断整合与细分的过程。随着互联网技术和移动操作系统的不断优化，像谷歌推出的“拓展现实”眼镜这类综合类智能穿戴设备，将会不断整合其他应用和服务，来提升自己的竞争力。同时，部分公司也会通过不断尝试，推出个性化、差异化的可穿戴设备，提升用户的新体验来占领市场。

---

① 可穿戴设备趋势报告[EB/OL]. http://www.100ec.cn/detail--6114202.html.

整体来看，可穿戴设备将会随着物联网、大数据、云计算、人工智能等新一代信息技术的成熟而不断发展与完善，且将会在越来越多的领域，如医疗健康、时尚娱乐、教育等领域得到推广。

三、医疗领域：智能穿戴着重健康生活

改革开放以来，随着工业化、城镇化的快速推进，人们的生活节奏不断加快。在繁忙的工作和快节奏的生活之余，人们用于运动的时间大量缩减，不规律的作息时间、不合理的膳食习惯以及吸烟、饮酒等不健康的生活方式使得人们的健康问题日益突出，心脑血管疾病、冠心病、糖尿病、各种癌症、慢性疾病的患病率日益增加。另外，伴随着老龄化进程的加快，老龄人口增多，医疗健康问题越来越引起社会的广泛关注。

在以往的医疗服务模式下，人们往往在自我感觉不适或者生病才会去医院挂号就医。但由于很多病症都是隐性的，一时难以察觉，以致到了疾病晚期才被发现，这对人们的生命健康造成了严重的威胁。那么，如何才能减少类似情况的出现，从源头、从过程中实时监测人们的身体健康状况，防患于未然，为人们的健康搭建起一张保护网呢？这种现状为智能穿戴设备融入医疗领域找到了一个切入口。

智能穿戴设备作为一种能够直接近距离、长时间“贴”近人的电子设备，可以实现对人体健康状态数据的实时监控、连续采集，从而将人的生命体征数据化，为自身、家人以及医院提供动态的数据信息，有助于减少意外事故的发生，保障人们的生命安全。

可穿戴医疗设备便是智能穿戴设备融入医疗领域的一个重要体现，主要是指可以直接穿戴在身上的便携式医疗或健康电子设备，可以在软件的支持下感知、记录、分析、调控、干预甚至治疗疾病或维护健康状态。[①] 其采用的技术主要有

---

① 百度百科．可穿戴医疗设备［EB/OL］．https：//baike．baidu．com/item/%E5%8F%AF%E7%A9%BF%E6%88%B4%E5%8C%BB%E7%96%97%E8%AE%BE%E5%A4%87/23341733？fr＝aladdin．

传感器技术、医疗芯片技术、无线通信技术以及可穿戴医疗设备本身的智能材料技术等。

传感器技术作为数据信息获取的主要手段，是可穿戴医疗设备最为核心的一项技术，主要分为运动传感器（可通过红外辐射、声波脉冲、振动起伏等来探测感知人体运动）、环境传感器（可对外部环境如干湿度、紫外线强度、pH 值、颗粒物密度、气体气压、光线强弱等进行感知记录）和生物传感器（可对人体数据如心率、血压、血糖、体温等进行感知记录）。美国工程人员曾研发出的世界上第一个全电子集成系统——汗液传感系统，该系统便是传感技术的一个重要应用与体现。该系统可以智能测量皮肤温度，且能够持续、无害地对汗水中的多种生化物进行监测。当使用者出现脱水、过度疲劳、体温过高等情况时，汗液传感系统便会及时发出报警信号，提醒人们及时补足能量、补充睡眠，必要时辅助药物治疗以恢复身体健康状态。[①]

医疗芯片技术主要用于生理信号的接收和处理，可实时监控用户的身体状况，能够对一些突发疾病进行及时救治，对一些重大疾病进行提早预防。其目前广泛应用于社区养老、居家养老以及以预防为主的医疗体系建设中。

无线通信技术更是可穿戴医疗设备正常工作的一项必不可少的技术。在对人体的各项信息进行采集之后，必须将这些信息上传至一定的平台如计算机、云端进行数据化的分析和整理，再将这些整理分析后的数据反馈到用户手里。在这个过程中，无线通信技术如蓝牙、Wi-Fi、ZigBee 技术等处于不可或缺的地位，在信息传输中起着至关重要的作用。

借助于新型导体和半导体材料如导电高分子聚合物、纳米粒子等，可穿戴医疗设备可具备很好的导电性及延展性。这对可穿戴医疗设备的使用及功能实现具有重要意义。一般来讲，可穿戴医疗设备主要分为四个功能模块（如图 6-6 所示）：一是生理监测与预警功能，如心率、血压、体温的监测，且当人体血压或温度等超出正常范围时便可起到预警的作用；二是数据传输与处理功能；三是应急功能，如紧急呼叫；四是辅助功能，如日常用药提醒、日程安排提醒、运动提醒等。

---

① wenwei. 新型可穿戴传感器：读懂你“汗水”里的秘密[EB/OL]. http://www.cntronics.com/sensor-art/80031560.

图 6-6　可穿戴医疗设备的四个功能模块

随着 5G 技术、物联网、云计算、人工智能技术在医疗健康领域的深入发展，可穿戴医疗设备也逐渐在医疗健康领域热门起来。以荷清柔性医疗可穿戴设备为例，在 2019 年中国国际智能产业博览会上，荷清柔电携带全新柔性医疗可穿戴设备——心电监测仪亮相智博会，成为此次展会的焦点之一。

“治病千万条，预防第一条。”荷清柔电此次推出的这款全新“柔性医疗可穿戴”技术产品，以其数据传输的实时性和共享性吸引观众驻足了解。在传统心电测量仪的使用过程中，医生需将设备取回后才可查看数据。而与此不同的是，荷清柔电此次推出的心电监测仪只需通过蓝牙与手机相连，再将心电测量设备贴近胸口，便能让用户立即在手机上查看到实时传输过来的心电数据，了解自身健康状况。

测试完成后，所有的心电数据还可以自动上传到荷清柔电后台设备，再通过荷清柔电后台云端医生的专业数据分析，给出远程专业诊断报告，实现心脏疾病的早期筛查和预防。

此外，荷清柔电还凭借全球领先的柔性电子技术，自主研发了一系列医疗可穿戴设备，如温度贴、心电贴以及睡眠贴等，用于监测人体体温、血氧、脉搏、胎心、血糖、睡眠等生命体征，辅助人们管理、监控自己的身体健康状况。[①]

除此之外，可穿戴设备还广泛应用于日常生活的监测。比如，Active Protective 智能腰带是一款带有安全气囊的腰带，主要用于减轻老人摔倒可能造成的损伤。其构造较为简单，里面带有消歧装置，可利用 3D 感知技术，允许一定程度的偏

① 中华网. 柔性医疗可穿戴设备亮相智博会，为健康生活添彩[EB/OL]. http://news.iresearch.cn/yx/2019/08/300061.shtml.

离，识别正常活动范围的髋部移动幅度，从而在老人可能摔倒的情况下弹出气囊，对老人的身体起到保护作用。再如，Steadiwear 防抖手套，该手套可用于帮助手抖的老年人很好地拿稳东西，减少老年人生活的不便，为老年人更安全、便捷的生活提供保障。①

从目前来看，虽然可穿戴医疗设备能够在一定程度上给人们合理的指导，同时也能够为医疗组织带去相应的数据参考，但由于尚处于初级发展阶段，其面临的机遇与挑战是并存的。从目前来看，可穿戴医疗设备面临着以下挑战。

认可度有待提高。由于当前可穿戴设备在医疗健康领域的应用尚且不多，各方面尚未经受实践的考验，人们对其信任度普遍较低。在智慧养老、智慧医疗体系下，可穿戴医疗设备的消费主体主要是老年人。由于老年群体的思想较为保守，对新鲜事物、新技术较为排斥，整体来看，人们对可穿戴医疗设备的认可度普遍较低。

准确性有待考证。现如今，很多随着 5G 网络技术、物联网技术、人工智能技术等新一代信息技术发展起来的可穿戴医疗设备正在成为很多行业的“香饽饽”，但现实中却存在着诸如数据不准确、专业性不强、体验感较差等问题。据腾讯数码报道，在目前的生理监测项目中，智能穿戴设备在心率方面的监测是最准确的，而血压、血氧等监测还远远未达到严格意义上的医学标准。监测系统等还有待进一步完善。

安全性有待提升。可穿戴医疗设备需要与用户信息进行绑定，才能在使用过程中实时监测、记录用户的生理健康数据等信息。然而，一旦在使用过程中出现功能不完善、监测不到位、黑客入侵等问题，便极容易造成数据的泄露，对用户的信息安全产生重大威胁，严重的还可能危及用户生命。

由此看来，可穿戴医疗设备的发展和普遍应用还有很长的一段路要走。随着物联网、大数据、云计算、人工智能等新一代信息技术的深入发展，可穿戴医疗设备将会在医疗健康领域得到越来越多的应用，实践的检验、认知度的提高相对来讲也只是时间问题。另外，也需要采取相应的措施来提高可穿戴医疗设备的数据准确性和安全性等。比如，对设备监测到的数据进行系统的整理、分析与核算，提高数据的准确性和有效性；对可穿戴设备进行安全性校对和后台实时监

---

① 搜狐.老人可穿戴设备不再“鸡肋”：功能性防护结合情景化数据收集成新趋势[EB/OL]. https://www.sohu.com/a/233865782_133140.

控，加强技术研发，进行加密设置，维护系统的长期安全性；对可穿戴设备系统植入相应的医学原理和技术服务，提升其医学应用价值和科学性等。

相信在不远的将来，可穿戴医疗设备定可以冲破层层阻碍，迎来光明的发展前景，使得人们的生活更加智能、健康。

四、教育领域：智能穿戴关注个性化学习生活

学习是一件伴人终身的事情。随着各方面的竞争压力越来越大，社会对人的知识、能力、素质等方面的要求也越来越高。作为人类获取知识、交流情感的主要方式，学习的效率、效果等普遍受到人们的重视。实际上，人们对学习的方法、工具、环境、主体、对象等的研究和改进也从未停止过。就目前而言，最受欢迎和提倡的学习方式当属个性化学习。

个性化学习是指通过对特定个体的全方位评价发现其在学习上的特点，找到学习过程中的问题，用量身定制的学习策略和方法，或克服困难，或扬长避短，充分发挥其天赋，提升学习的能力。美国著名教育家约翰·杜威在他的《明日的学校》一书中着重描写了更加灵活、以学生为中心的学习方式。2006 年 7 月，新西兰教育部部长史蒂夫·马哈雷在其以《个性化学习：把学生置于教育的中心》为题的演讲中强调个性化学习的重要性，希望针对不同的学生采取不同的教学方法，发掘每一个学生的天资。[①]

如今，个性化学习的需要为智能穿戴设备深入教育领域提供了广阔的市场前景。

一是对自我的了解和探索欲望激发了自我量化的迫切需求。个性化学习的重要前提是个体的差异性，正因为每个人都与众不同、独一无二，才会产生因人而异、因势利导的个性化学习方式。而要更好地发挥每个人的优势，提高学习效率，就需要对每个个体的具体状况有深入详细的分析和数据呈现，即自我量化。

---

① 搜狗百科. 个性化学习[EB/OL]. https://baike.sogou.com/v62576786.htm? fromTitle=%E4%B8%AA%E6%80%A7%E5%8C%96%E5%AD%A6%E4%B9%A0.

自我量化的概念并不是最近才出现的，早在20世纪70年代，就有人提出通过使用传感器技术记录人的行为、生理和心理等信息来了解人的生理和心理状态，但由于当时的技术限制，相应的产品仍大多处于“纸上谈兵”的状态。[①] 随着物联网、大数据、云计算、小型化电池等一系列技术的发展，阻碍感知和记录个体状态的壁垒已逐渐被打破，作为技术集大成者的智能穿戴产品面临着广阔的市场前景。

二是传统的学习辅助产品难以满足个性化学习的需要。传统的工具书、检索工具等学习辅助产品存在要么内容收录跟不上信息更新换代的速度，要么操作过于复杂造成较高的使用门槛等问题。在这种情况下，学习辅助产品反而加大了个体的学习难度，耗费了过多的精力和时间。降低使用难度、扩大内容广度、提高使用效率成了学习辅助产品的发展趋势。现在的智能可穿戴产品基于物联网、大数据、云计算等一系列技术，极大地扩展了信息量，降低了使用难度，提升了携带的便利性，正逐渐成为学习者的不二之选。

冠义科技打造的“腕语”智能手表（如图6-7所示）便是这样一款可穿戴的学习辅助工具。“腕语”智能手表的主推功能是“外语轻学习”。该设备将辞典装在手表上，内置翻译功能，包括14种语言的语音互译、详细的单词释义，采取语音输入的方式进行单词查询。除此之外，该手表还内置了诸如喜马拉雅之类的音频内容，可让学习者不携带任何工具资料书便能随时随地随心学习。在基础功能上，“腕语”智能手表与其他智能手表的功能大致无异，具备各种花式时间表盘、智能定位、心率监测、计步等功能。[②]

三是固定班级授课与发扬个性、多样化学习之间的冲突使得智能穿戴设备进一步与教育学习相融合。当前，我国绝大部分学校实行的依然是固定班级授课的教育模式，一名老师面对着十几名乃至几十名学生，形成了固定的班集体，并在固定的地方进行授课。这不仅使得老师无法很好地照顾到每一名学生的情况，也压抑了学生的个性，既不利于发掘学生的天赋，也不利于学生学习效率的提升和学习能力的强化。多样化的智能穿戴产品可以帮助学生实现远程听课、进行针对

① 吴金红.大数据时代量化自我支持的个性化学习研究[J].中国教育信息化，2015(09)：42-45.

② 搜狐.运动手环已成过去，智能可穿戴＋教育表现如何？[EB/OL]. http://www.sohu.com/a/123451340_386633.

性复习、激发学习兴趣等，满足学生的各种学习需求，并有助于未来学习方法与模式的改变。

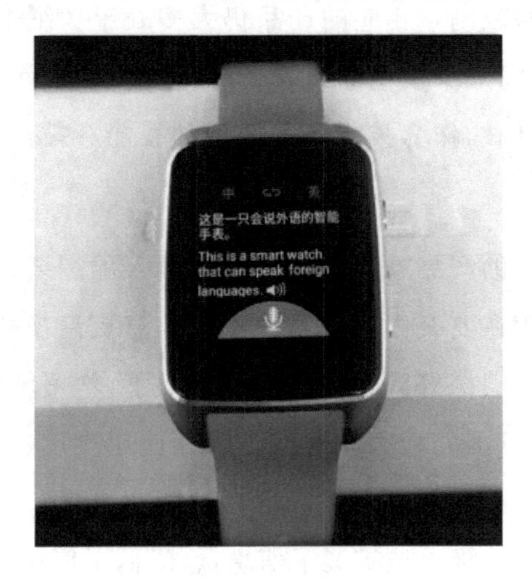

图 6-7 “腕语”智能手表①

在 2018 年未来学校发展与创新研讨会上，华创互联科技公司将智能穿戴与教育相结合，畅谈了物联网、大数据、云服务等新技术支撑下的未来教育创新与改革方式。华创互联公司产品经理杨浩在演讲中谈及未来的教育和学习都是终身的。未来的教与学不再是固定的课堂上课模式，而是将可穿戴设备与慕课、直播等结合起来，借助于互联网共享平台，打造个性化学习方式，实现学校教学空间与网络学习空间的融合互通，从而最大限度地发挥优质教师、教育资源的作用，实现更加逼真、沉浸式的学习。同时，基于大数据的采集、分析与处理，未来教育与可穿戴设备的结合还可以使得教师在教育教学方面的决策变得更加具备科学性和有效性。②

尽管当前市场上智能穿戴产品种类、厂商繁多，技术发展较快，但仍面临着一些问题和困境。主要体现在以下几个方面。

电池续航能力和产品功能之间的矛盾问题。当前智能穿戴产品均追求小巧易

① 搜狐.运动手环已成过去，智能可穿戴＋教育表现如何？[EB/OL]. http://www.sohu.com/a/123451340_386633.

② 未来学校发展与创新研讨会，华创互联畅谈“智能穿戴＋大数据.新技术支撑下的未来教育创新”[EB/OL]. https://mp.weixin.qq.com/s/EcX5V7fLSBRSva_Q4ceeWQ.

携带，导致电池容量较小、续航能力不强，电量消耗过快与高耗电功能陆续添加之间的矛盾越来越凸显。改进电池技术，研发体型更小巧而容量更大的电池，成为当前迫切需要解决的问题，这一问题在未来会成为影响甚至是决定产品体验的重要因素。

数据隐私的保护问题。智能穿戴学习产品会事无巨细地记录穿戴者的生理与心理数据，在为学习者提供学习资源和便利的同时，也让如何保护个人的隐私不被泄露的问题日益凸显。生产厂家如何进一步提升智能可穿戴学习产品的安全性以及自身的信誉度会成为消费者选购智能学习产品时考虑的重要因素。

丰富学习模式和方法的问题。虽然智能穿戴产品承载着个性化学习的发展趋势，但目前的智能穿戴产品的功能尚停留在记录、反馈数据，提供信息检索等方面，满足不了消费者对于个性化学习的需求。如何对学习行为进行建模、分析与预测，根据学习者的学识、能力和学习状态及时在教学内容、教学强度、教学方法方面做出针对性的调整，从而为每个学习者打造量身定做的学习规划，既提供完整的知识体系，也给予各种各样的达到学习目标的路径，发掘每个人身上的天赋，会成为未来智能穿戴产品研发的重要指向。

对自我量化数据的精准、有效性追求方面的问题。要使用有效、高质量的自我量化数据，首先要解决多源数据的整合问题，其次是发掘问题。如果不能有效地整合学习者个人相关的信息资源，就无法全面、精确地解读学习者，不能真正表征出个体的差异性，更不能实现真正意义上的个性化学习。如果不能发现学习者真实的个体化特征，就不能顺利实现个性化学习。而目前已经研发或者正在研发的智能穿戴学习产品在这方面的功能仍然不够。对于这方面功能的开发仍然是未来可穿戴产品融入学习教育值得关注的问题。

总之，智能穿戴产品有助于个性化学习的实现。在未来，智能穿戴产品的体型更小巧而电池容量更大，强大的数据隐私保护和新的学习模式将极大地推动个性化学习的发展。

五、娱乐领域：智能穿戴让虚拟生活“现身”

随着互联网、VR、大数据、云服务、人工智能技术的高速发展，DVD、VCD等已淡出人们的视野，在电视机前通过操纵遥控器玩“超级玛丽”游戏的场景在今天已经罕见。如今，虽然人们通过计算机、智能手机玩游戏的场景较为普遍，但笨重的计算机、操纵界面过小的手机同样在某些方面给人的游戏体验感不佳。随着VR技术崭露头角以及智能穿戴设备的深入应用，一种全新、易操作、便携式的娱乐设备出现了。

近两年，北京微跑科技推出了一款国内最小的体感游戏机——微跑小蛙（如图6-8所示）。该款体感游戏机仅有硬币大小，是可穿戴设备硬件和游戏一体化的集成平台。使用时通过蓝牙技术与手机、平板和大屏幕设备连接，再将小蛙挂在鞋子上便可即刻体验体感互动。孩子可通过自然身体动作如运动、跳跃等来控制游戏。将游戏方式由原来的“用手玩游戏”变为“用脚玩游戏”。这样，不仅可以减少孩子长时间低头玩游戏造成的视力伤害和颈椎健康等问题，同时还能监测孩子在游戏过程中的运动量，让孩子在体验游戏乐趣的同时，达到锻炼身体的目的。此外，微跑科技还与教育平台合作，打造“寓教于玩”的学习氛围，让孩子在快乐的游戏体验中学习一定的知识。

图6-8 微跑小蛙[①]

作为一款专门为少年儿童设计的智能体感玩具，微跑小蛙独创了国内唯一的

① 搜狐．国内最小的体感游戏机：微跑小蛙，让孩子跳起来！[EB/OL]．http://www.sohu.com/a/124676633_240202.

三轴体感识别算法，采用三轴体感控制技术，智能、精确地捕捉并识别三维空间内孩子的运动轨迹与趋势，达到对游戏的智能控制，算得上是一款颠覆了传统摄像头体感技术的智能穿戴设备。

在电池续航方面，微跑小蛙采用的是 CR2032 纽扣电池供电，官方称该纽扣电池能够支持 4～6 个月的计步续航，300～400 个小时的连续游戏。标准版的微跑小蛙配有两块电池，可一用一备。这样计算下来，即便是每天都使用游戏，两块电池也足以使用半年，在很大程度上克服了一般可穿戴设备电池容量小、蓄电能力不强的问题。并且，微跑小蛙使用起来也比较方便，它的主机带有卡扣，可直接挂在鞋带上。此外，厂商还为微跑小蛙配置了硅胶夹和绑带，在没有鞋带或者不穿鞋的情况下也能照常使用，设计可以说是十分的人性化了。微跑小蛙也因此受到了很多家庭的青睐。[①]

与微跑小蛙类似，同样适用于游戏的可穿戴设备还有智能手环，如“精灵宝可梦 Go Plus”（如图 6-9 所示）。相信很多人都听说过一款曾火爆全球的 AR 手游——精灵宝可梦 GO，精灵宝可梦 Go Plus 便是辅助这款游戏的一个腕带式的穿戴设备。该设备通过蓝牙技术与手机相连，在使用时，玩家不必掏出手机来抓精灵，只需借助这款智能腕带式的穿戴设备便可实现丢出精灵球捕获小精灵的一系列操作。精灵宝可梦 Go Plus 手环通过振动和闪光来提醒玩家附近有精灵的

图 6-9 一款可以匹配智能手机蓝牙的设备[②]

① 搜狐. 国内最小的体感游戏机：微跑小蛙，让孩子跳起来！[EB/OL]. http://www.sohu.com/a/124676633_240202.

② 科客网. Pokemon GO Plus 手环终于来了！[EB/OL]. http://www.keke289.com/news/14278.html.

出现和精灵驿站的存在。当有闪光和振动时，玩家只要按下手环设备上的按钮，系统就会自动丢出精灵球抓捕精灵。且不同颜色的闪光有着不同的含义，绿色说明你正在靠近精灵，彩色则意味着捕获成功，红色代表着失败。在这个过程中，玩家作为精灵训练师抓到的精灵越多就会变得越强大，从而有机会抓到更强大、更稀有的精灵。开发商便是以这种激励机制不断鼓励玩家继续游戏的。

微跑小蛙和精灵宝可梦 Go Plus 都是应用于游戏方面的可穿戴设备，在其他方面（如电影娱乐、摄影等），可穿戴设备同样有着相应的应用场景。

在备受全球瞩目的 2017 年亚洲国际消费电子展上，中国深圳纳德光学有限公司以其真 3D、超高清、柔光护眼的智能眼镜 GOOVIS G1（如图 6-10 所示）引起了全场关注。

图 6-10 GOOVIS G1 智能眼镜[①]

GOOVIS G1 是纳德光学有限公司在 2016 年上市的一款智能眼镜，该眼镜定位于影院级巨幕电视，被看作是目前市场中“最清晰、舒适的头显”。作为一家专注于信息显示和视觉成像光学的高科技创新型公司，纳德光学利用其先进的光学显示技术，采取双 AMOLED 全高清微显示柔光护眼屏，为用户打造一种佩戴舒适、使用方便、超轻便携、柔光护眼、视觉清晰的全新高品质、健康的观看体验。

GOOVIS G1 眼镜在利用远距离成像技术随时随地为观影者提供 800 英寸高清 3D 巨幕的同时，还采用全高清微显示柔光护眼屏对观影者的视力加以保护。据了解，AMOLED 屏的光谱十分柔和，其中的有害蓝光仅为普通计算机或者手

① 百度. GOOVIS 智能眼镜让你在家也能看巨幕电影[EB/OL]. https://baijiahao.baidu.com/s?id=1570040724469010&wfr=spider&for=pc.

机屏幕的3%左右。但其分辨率却很高，单眼分辨率可达1080P，屏幕精细度高达3 147 PPI。且能针对不同视力水平的观影者独立精准调节屈光度，即使是视力不好的用户不戴眼镜也能清晰舒适地观影。

在内容方面，GOOVIS G1眼镜可连接Wi-Fi和外接存储设备，在线或下载观看海量2D/3D视频资源，完美解决目前VR视频资源匮乏的问题。佩戴一副这样的GOOVIS G1眼镜，用户便可在飞机上、火车上、家中、旅途中随时随地享受视觉盛宴。①

在摄影拍照方面，可穿戴设备产品同样五花八门，典型的如OMG Life推出的自动拍照相机Autographer、GoPro推出的用智能手表控制摄影的App（如图6-11所示）等。

Autographer采用了136°的广角镜头，配备OLED显示屏、大容量存储空间和500万像素摄像头，是一款可挂在脖子上或者别在衣服上的自动拍照相机。它内置了多种传感器和GPS定位系统，可以根据光影、方向、色彩和温度等自动识别最佳拍照时段进行拍照，随时记录佩戴者最为真实和自然的人生瞬间。与普通智能相机和手表不同的是，GoPro出品的是一款嵌入苹果手表里的应用程序。该程序允许用户通过苹果手表来操作数码相机，同时还可以在视频预览时做特殊标记以及通过视频抓取静态照片，兼具控制拍摄、浏览、标记、下载、查找、剪辑等功能。

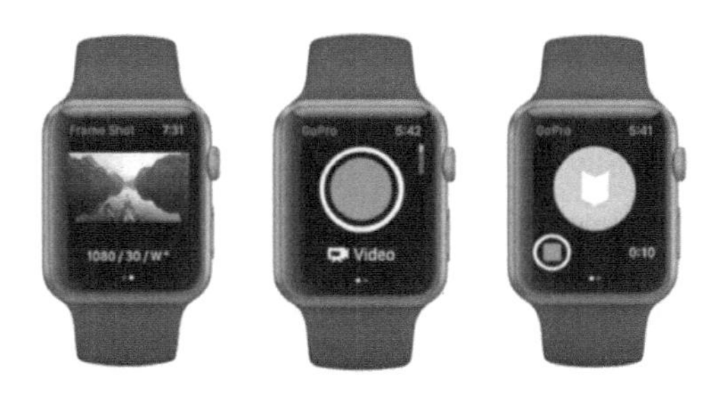

图6-11 GoPro②

① 百度.GOOVIS智能眼镜让你在家也能看巨幕电影[EB/OL]. https://baijiahao.baidu.com/s?id=1570040724469010&wfr=spider&for=pc.

② GoPro推出App可用智能手表控制摄影[EB/OL]. https://wearable.ofweek.com/2015-12/ART-8210-5006-29040368.html.

总的来说，随着 VR、互联网、大数据、人工智能等技术的深入发展，智能穿戴设备在游戏、摄影、观影乃至唱歌、跳舞等娱乐的方方面面都有渗透。可穿戴设备在各行业、各领域的深入与融合将极大地丰富、便捷人们的生活。未来智能穿戴设备的应用将更加的广阔。

第七章

智能支付：无现金生活的到来

发展历程：支付方式的不同形态
局限分析：传统支付方式的不足
无现金社会：一个颇受争议的话题
支付新时代：智能支付时代的来临
实践应用：智能支付方式的落地

自商品经济兴起，“支付”的概念便开始出现在人们的日常生活中。人们需要通过“支付”的方式去获取自己需要的商品。到现在为止，我国的支付方式大致经历了实物支付、信用支付、电子支付等几个阶段。如今，以“刷脸支付”“声纹支付”“无感支付”为代表的“生物识别”支付正在兴起，无现金生活正在到来。

一、发展历程：支付方式的不同形态

在不同的时期，有着不同的消费支付方式。无论是哪个时期的消费支付方式，都对当时人们的日常生活产生着重大的影响。伴随着经济全球化、智能社会化的浪潮，金融行业正面临着有史以来最为深刻的变革。社会经济的发展和科学技术的进步正在引发消费领域的支付方式的彻底革新。

从古至今，中国经历了几千年的历史变革，支付方式大致经历了实物支付阶段、信用支付阶段、电子支付阶段等三个阶段（如图 7-1 所示）。在不同的阶段，其支付工具也都大不相同，但都在一定程度上反映了当时的社会生产力发展水平和人们的生活状况。

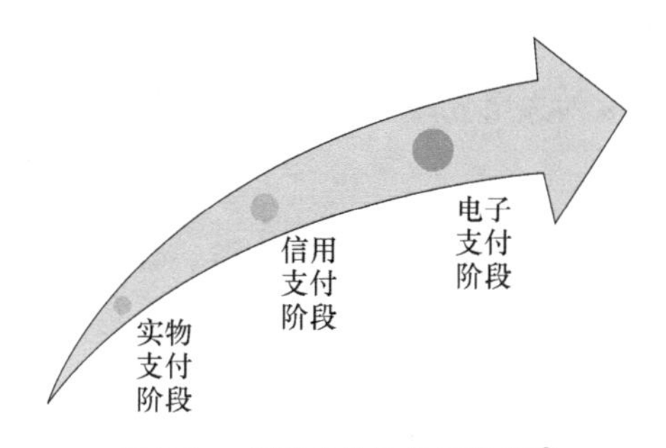

图 7-1　支付工具的发展阶段①

从支付工具来看，首先要追溯到原始社会后期。这个时候，商品经济开始萌芽。人们之间出现了互相交换劳动产品的活动（这里用于交换的劳动产品实际上就是商品）。不过，此时劳动产品的交换是一种偶然的、个别的交换行为，且只有当交换者双方同时对对方的劳动产品产生需要时，这种交换行为才会产生。否则，这种交换行为便会失败。

随着社会生产力的发展，社会分工越来越明显，人们的具体分工越来越明确，生产效率得到了极大的提高，剩余劳动产品也越来越多。这个时候，剩余劳动产品的交换范围也就越来越广，商品的价值也在一定程度上得到了凸显。剩余

① 李良.支付工具的产生和发展浅析[J].经济研究导刊，2013(17)：158-160.

劳动产品的交换不再是一种偶然的、个别的交换行为，而是变成了一种经常性、必然性的交换行为。商品交换由原来的“一对一”发展到了“一对多”。在此背景下，支付工具的雏形出现了。

随着货币的产生，商品的生产以及商品的交换都迈上了一个新的台阶，其交换范围进一步扩大，交换的数量和种类也在增加。在这种情况下，人们急需一种能够代表大多数商品进行交换的交换物的出现，即一般等价物。于是，金银、贝壳等开始充当一般等价物，这便是支付工具的最初雏形——货币。

在不同的时期，货币有着不同的形态。商周时期，出现了人造贝类。随着社会生产力的发展，人类掌握了冶炼技术，便出现了诸如铜贝类的金属铸贝类货币。秦汉时期，秦始皇统一六国，统一了文字、度量衡、货币等。在货币方面，规定以黄金为上币，以圆形方孔铜钱为下币，即圆形方孔铜钱（如早期钱币秦半两钱），这是世界上最早由政府发行的货币。明朝时期，白银和铜钱成了货币的主体。大额交易用白银，小数交易用铜钱，白银成为当时的法定流通货币。直至清朝后期，才出现了中国最早的机制洋式银圆——光绪元宝。光绪元宝是清后期流通的主要货币之一，位列大清光绪年流通大面值货币之首，也是中国首批引进海外技术印发的流通货币。

从支付方式来划分，可以把这些以人造贝类、金属铸贝、铜钱、银圆等为主要支付工具的消费支付阶段称为实物支付阶段。实物支付阶段的支付工具是各种实物形态的货币。

随着商品经济的发展，商品交换日益频繁。在充当商品交换媒介的过程中货币的弊端逐渐显现出来。比如，大多数的货币都比较笨重、不易携带，且货币（如黄金、白银）的成色不易区分，容易造假等。这使得人们渴望一种新的能够代替货币充当商品交换媒介的支付工具的出现。

纸币的出现是支付领域发生的一次重大变革，是信用支付阶段的主要支付方式。由于轻巧可折叠、方便可携带等特征，纸币一面世便被迅速、广泛地应用到商品流通的各个环节之中，受到大众的喜爱。此后，根据具体国情及流通中所需的货币量，不同面值、不同版本的纸币在不同时段开始发行。

其实，最初的纸币可以追溯到北宋时期，当时出现了世界上最早的纸币——交子。交子刚开始只是作为一种商业信用凭证，但随着后来的不断发展，逐渐具备了信用货币的特性，发展成为北宋时期的官方法定货币。南宋又出现了“会子”“关子”，元代出现了“钞”。但由于当时的政府不能有效地控制纸币的发行量，当出现巨额财政开支时，他们往往不能约束自己的行为。这种无节制的发行及滥用纸币的行为导致纸币成为敛财的工具，致使纸币失去其信用，进而丧失了其流通的功能及存在的价值。

在大量使用现金的过程中，另一种依据法律、按照规定形式制成的并显示有支付金钱义务的凭证——票据也在很多情况下得到了应用。票据是指出票人依法签发的由自己或指示他人无条件支付一定金额给收款人或持票人的有价证券，即某些可以代替现金流通的有价证券。在我国，票据主要分为汇票（银行汇票和商业汇票）、支票和本票三种。[①] 当人们进行大额消费时，无法当场拿出那么多现金进行交易，便往往会使用票据进行消费。

随着科学技术的飞速发展，银行卡被广泛地应用于人们的日常生活中，这在很大程度上减少了现金和支票的流通比例。银行卡是指经批准由商业银行（含邮政金融机构）向社会发行的具有消费信用、转账结算、存取现金等全部或部分功能的信用支付工具。[②] 其兴起使得银行业务以及人们的日常消费支付方式发生了根本性的变化。出门在外，人们不必再带着鼓鼓的钱包或是一叠支票，消费时也不必再为没有零钱、等着找零等困难而烦恼。人们只需要将银行卡在机器上一刷，输入支付密码就能够在短短的几秒钟内完成支付。银行卡的出现使得“无现金”生活的愿望成为现实。

改革开放以后，随着互联网技术的不断普及以及信用制度的不断发展与完善，消费支付形式逐渐朝着电子支付的方向发展。

电子支付是指消费者、商家和金融机构之间使用安全电子手段把支付信息通过信息网络安全地传送到银行或相应的处理机构，用来实现货币支付或资金流转的行为。[③] 在电子支付阶段，网上支付、电话支付、移动支付、销售点终端交易、自动柜员机交易等成为消费支付的主要形式。

现如今，在手机广泛普及的社会大环境下，移动支付成为人们使用得最多的

---

① 百度百科. 票据[EB/OL]. https://baike.baidu.com/item/%E7%A5%A8%E6%8D%AE/2501869?fr=aladdin.

② 百度百科. 银行卡[EB/OL]. https://baike.baidu.com/item/%E9%93%B6%E8%A1%8C%E5%8D%A1/2321159?fr=aladdin.

③ 百度. 电子支付[EB/OL]. https://baike.baidu.com/item/%E7%94%B5%E5%AD%90%E6%94%AF%E4%BB%98/2367285?fr=aladdin.

一种消费支付方式。可以不带现金、不带票据、不带银行卡，只需要带一部智能手机，将银行卡与手机客户端绑定，便可以通过微信、支付宝等扫一扫功能或者转账功能，瞬间完成支付。移动支付方式的出现使得人们的生活更加便利。从最初笨重的金银货币到纸币、票据，再到银行卡等支付工具，人们的消费支付方式在一步步地便捷化、高效化。

未来，更加高效、便捷化的支付方式是否会出现呢？答案是肯定的。人类的发展是一个永无止境的过程，这是人类历史发展的必然规律。近年来，随着生物识别、物联网、大数据、云计算、人工智能等新一代信息技术朝着更深层次、更高阶段的发展，人脸支付、声纹支付、无感支付等全新的消费支付方式开始出现在人们的视野当中。这些支付方式也许会在未来赶上甚至代替微信支付、支付宝支付等移动支付方式，成为未来消费支付的主流方式。

二、局限分析：传统支付方式的不足

在社会经济不断发展、商品经济日益繁荣的今天，无处不在的商品交易与消费成为人们生活的常态。在这个过程中，“支付”成为商品顺利交易、成功消费的重要媒介。支付方式经历了数次革新，如今移动支付等新型支付方式给人们带来了更加快捷、方便、安全的支付体验。但与此同时，仍然有部分人保留着一些传统的支付方式和支付习惯。传统支付方式在当前社会背景下存在着哪些弊端？移动支付方式的出现又是否能够改变人们的消费支付习惯呢？

传统支付方式主要以货币支付、现金票据支付、银行卡支付为代表。无论是货币、现金、票据，还是银行卡，在消费者进行消费支付的过程中，首先都会面临一个共同的问题，那就是“财产外露”带来的安全威胁。

在人们进行支付的时候，往往会看到这样一幅场景：消费者直接打开钱包掏出里面的现金或者银行卡进行消费支付。这样便使得旁边的人很容易偷窥到消费者的财产数据，包括现金数额、银行卡卡号等。俗话说，“财不可外露”，稍不留心，消费者在进行支付的时候就会引起“有心人”的注意。一旦被这些“有心人”盯上，那么消费者的现金、银行卡等便可能处于被盗的风险之中。由于金银货币和现金都不具有排他性，所以一旦被盗取将会给消费者带来直接的财产损失。

除了“财产外露”带来的安全问题，传统支付方式在使用过程中也存在着另外一些安全隐患。以银行卡为例，现在很多不法分子会利用伪造假的工商证件去购买 POS 机，然后对 POS 机进行改装，之后再以优惠的价格卖给各大型餐厅、娱乐场所、酒店等商家，从而达到布点骗取钱财的目的。改造后的 POS 机会在消费者使用的过程中盗取银行卡的基本信息，并自动发送短信至用户手机，通过验证码、网页链接等转移用户的账户资金。而那些没有设置密码的银行卡，若是不小心遗失或者被盗取，很可能被不法分子用来制造虚假信息，进行非法洗钱活动。

除此之外，货币、现金票据、银行卡支付等传统支付方式还存在以下几个方面的不足，给人们的生活带来极大的不便。

携带不便，运作速度与处理效率低。这在以货币支付为主要支付方式的阶段体现得更为明显。由于货币主要以贝类、金银货币、铜铸货币等为主，大多都比较笨重，人们出行携带极其不方便。购买小件商品只需要花点碎银子就可以完成支付，但若要高价购买那些大宗货物，则需要专门运输金银货币。等一系列运输、核算流程走完，人力、物力和财力的消耗都比较大，且整个过程的运作速度慢，流通周期长。

易出现磨损和造假问题。一方面，无论是货币、现金还是票据，经多次使用都容易出现磨损的现象。货币的边角易磨损，现金票据易撕扯坏，而且我们经常会看到现金上面有被写写画画的痕迹，无论是磨损、撕扯还是写画，都会增加其回收成本，造成资源浪费。另一方面，在商品的流通过程中，会存在一些受利欲驱使而蒙心的不法之徒通过假币、假钞等来谋取个人利益的现象。由于金银货币的成色不易区分、重量难以准确掂量等因素，消费者在消费的过程中很容易收到伪造的货币。另外，科学技术是把双刃剑。技术在带给人们福利的同时，也为不法之徒伪造现钞提供了“便利”。

手续烦琐。拿生活中使用得较多的现金支票为例，现金支票首先得由出票人签发，然后再由收款人持票使用，付款方一般是银行，见票时会根据出票人的信用票据，无条件向持票人支付一定金额的现金。在这个过程当中，需要申请的材料及办理的手续较为烦琐。且支票都具有一定的期限，超过这个期限，银行便不予受理，因而支票等票据使用起来也较为麻烦。

管理麻烦。一张卡不能很好地满足人们的多样化消费需求，所以人们通常都会持有数张卡，多的可能达到七八张，包括各种优惠卡、VIP尊享卡、工商银行卡、中国银行卡、邮政储存卡、建设银行卡等，给人们的保存和管理带来了麻烦。同时，众多卡片放在一起还可能造成银行卡、信用卡等消磁。有时甚至会因为长时间不使用而忘记各张卡的余额及密码，如果是信用卡，超期未还款还会对用户的信用造成直接影响。存放在手里的现金过多也不便管理，难以确保其安全问题，存于银行待需要用时又得去排队取款。总之，这一系列的现金、银行卡存在的问题给人们的管理造成了很大的麻烦。

随着社会的发展，移动支付等支付方式逐渐兴起，移动支付方式虽然未完全取代现金支付等传统支付方式，但从目前的应用来看，已经在很大程度上削弱了现金支付等传统支付方式在人们生活中的地位。移动支付是互联网时代的一种新型支付方式，主要是指借助于普通或智能手机完成支付或者确认支付，而不是用现金、银行卡或者支票支付。[①] 与传统支付方式相比，移动支付方式具有以下突出优势。

使用、管理更方便。移动支付主要是通过将银行卡与手机等终端设备进行绑定，在消费时只需要带一部手机便能完成消费支付，省去了携带银行卡、现金支票的麻烦。且除了到店消费，消费者还可以通过手机一键购买产品或服务，并进行手机支付，也可以在手机上缴纳话费、燃气费、水电费等生活费用，无须再跑到收费站进行缴费，操作极其简单，为人们的生活带来了很大的便利。

安全性更高。移动支付方式无须再随身携带货币、现金和银行卡出门，这样便能减少很多潜在的危机，也不会在支付时特别引人注意，从而避免了直接的现金损失和银行卡信息被盗取带来的一系列账户安全问题。另外，将现金存入银行卡，再将银行卡与手机绑定，用户可通过手机终端设备随时随地对个人账户进行查询、转账等，以便随时了解自己的消费情况，在确保自己的账户资金安全的同时，合理理财。

---

① 百度百科. 移动支付[EB/OL]. https://baike.baidu.com/item/%E7%A7%BB%E5%8A%A8%E6%94%AF%E4%BB%98/565488?fr=aladdin.

节约成本，运作效率高。移动支付方式的出现减少了现金、支票在流通中的使用，从而节约了现钞印制的纸质成本。且移动支付不受时间地点的限制，可随时通过手机在线消费支付，运转效率高，能在一定程度上加速商品的流转速度，帮助企业快速回笼资金。

从整个经济社会和市场的发展规律来看，移动支付方式的出现必然能在很大程度上改变人们的消费支付习惯，并促使人们追求更加高效、便捷的支付方式。

三、无现金社会：一个颇受争议的话题

近年来，伴随着大数据和人工智能技术的发展，以电子支付和移动支付为主的无现金支付体系在我国逐渐发展起来，目前已在全国大多数城市取代票据、现金、银行卡等传统支付方式。无现金支付方式的崛起逐渐弱化了人们头脑中对于货币、票据等的概念，在一定程度上推动了“无现金社会”的到来，使得人们的生活朝着更加高效、便捷的方向发展。

在2017年的两会上，就有人大代表委员专门对“无现金社会”的建设提出过相关建议和提案。全国政协委员、杭州市副市长谢双成便提交了《积极推进“无现金社会”建设》的议案，建议以“互联网＋政务”为切入点，让公共服务等深入人民群众生活的场景率先实现“无现金”。全国人大代表、奥克斯集团董事长郑坚江提交了《关于开通医保网上在线支付功能的建议》，提议将医保福利与移动支付全面打通，积极推动在公共服务和社会保障等领域全面实现“无现金”，让群众少跑腿，让数据多跑路。全国人大代表、杭州市公交车司机虞纯提交了《关于全面推进无现金社会建设的建议》，呼吁让老年人、残障人士以及生活在中西部等偏远地区的人们都能够享受到无现金生活带来的便利，走完中国迈向无现金大国的“最后一公里”。[①]

其实，“无现金社会”并不是一个全新的概念。在很多国家，“无现金社会”早已从概念层面落实到了具体实践。丹麦中央银行在2017年关闭境内所有印钞

---

① 新浪财经.中国要变“无现金社会”？这个两会提案有意思[EB/OL].http://finance.sina.com.cn/roll/2017-03-11/doc-ifychihc6176967.shtml.

部门，宣布不再印刷和制作丹麦克朗现金；挪威最大的银行 DNB 也在 2016 年呼吁停止使用纸币并关闭部分支行的现金业务；瑞典有将近一半以上的银行网点不接受现金的存取款业务；印度政府也在颁布“废钞令”之后推出了国家支付钱包和国家支付二维码；就连韩国这个在全球范围内对现金依赖最少、信用卡普及程度最高的国家，也称其目标是在 2020 年让硬币彻底退出流通领域，逐步朝着“无现金社会”的方向发展。①

可见，当今世界的无现金化趋势越来越明显，在信息技术快速发展的中国，“无现金化”社会同样离我们越来越近。但“无现金化”的过程并不是一帆风顺的，曾几度引发热议。主要的导火索有两个：其一是某商家拒收现金引起了各方争议，其二是支付宝、微信两大移动支付平台以及蚂蚁金服、苹果、银联等企业举办的“无现金”推广活动产生了重大影响。支付宝曾提出将推动我国在未来的“五年”内进入“无现金社会”，并于 2017 年 8 月 1 日至 8 月 8 日期间在全国多个城市举办“无现金城市周”大规模营销活动。与此同时，各路商家也为抢占市场、推动消费，推出了“8.8 无现金日”“618 购物节”等活动。这在全国范围内引起了重大反响。

不可否认的是，非现金支付的“数据化”“痕迹化”确实在防止腐败、防偷税漏税等方面发挥了重大作用，其操作过程的高效、快捷也确实给人们的生活带来了很多便利。对于企业和商家来说，推动支付方式的“无现金化”也无可厚非，这只是一种经营行为。但在具体的支付场景中，出现商家拒收现金，而只接受手机支付的现象，就要具体问题具体分析了。

于理来讲，拒收现金到底是对是错？有观点认为拒收现金不等于拒收人民币，继而为拒收现金找了一堆合理的理由。也有观点认为这样的行为违反了法律，合理只是为商家找的一个借口。从法律上来看，《中华人民共和国中国人民银行法》和《中华人民共和国人民币管理条例》均有规定：“中华人民共和国的法定货币是人民币。以人民币支付中华人民共和国境内的一切公共的和私人的债务，任何单位和个人不得拒收。”人民币为法定货币，当然也包括现金在内。现金作为中华人民共和国法定货币，行使着国家货币流通的主权。从这个层面来看，商家拒收现金的行为看似合理，实则无据，形如合法，其实违法。但仍然有

① 炒邮网.这个国家宣布停止印钞！中国进入“无现金社会”！人民币会消失吗？[EB/OL]. http://www.cjiyou.net/html/2019-07/503568.htm.

部分人抓住“不收现金不等于不收人民币”的借口不放，以此来自证合理。且先不讨论商家不收现金是否属于拒收人民币现金的行为，是否构成违法，实际上，这个现象背后也反映出另外一个问题，那就是法律的不完善，以及部分现有制度与现实发展不同步的问题。

从情理层面来说，不收现金是否有违社会公平？从社会现实考察，确实如此。在当前社会，无现金支付已在很大程度上得到普及，但对于一些老年人以及残障人士来说，这未必是一件值得高兴的事儿。虽然也有不少老人在尝试着接受一些新事物、学习一些新技能，但还是由于部分主观的和客观的原因，跟不上时代的步伐，成为新技术的弃儿。无论是哪种支付方式，其存在的价值及合理性首先肯定是以人为中心来衡量的。因此，我们必须尊重消费者自由选择的权利，而对于那些只会使用现金支付或者乐意使用现金支付的人群，我们要尽可能地理解并给予支持。这一点是毋庸置疑的。毕竟“无现金化”不等于完全不用现金，只是从整体概念上来看，现金支付方式使用得更少了，但也不排除特殊个案的存在。

从发展维度看，“无现金化”是必然趋势。美国连线（Wired）杂志记者David Wolfman曾在他的一本名叫《无现金时代的经济学》的书中写到了关于现金的几点“原罪”。首先，现金是病菌的传递者。相关调查数据显示，现金是最易携带病菌的物体之一，普通流感病毒可在现金上存活至少三天，现金的反复使用及传递可能会加速病毒的传播，给人们的身体健康造成威胁。

其次，现金的使用带来的社会成本较高。纸质现金通常情况下只有三年左右的寿命。使用过程中的磨损、涂鸦等会造成资源的浪费，且印制成本高。据统计，2015年，美国花在现金管理上的钱就高达1 100亿美元。2007年，不计算点钞机、取款机等的费用，3 600亿欧元的现金交易成本就高达500亿欧元。

再次，现金是社会治安的破坏者。发生在各大银行、公共场所、ATM取款机周围的抢劫、偷盗事件为屡见不鲜。在日本养老金发放的当天，就会有大量的警察被部署在全国各地的ATM取款机周围，以防止老人被偷盗、抢劫。

最后，现金是税收黑洞的形成因素之一。由于现金交易难以留下确凿的数据证据和痕迹且难以追踪，很多自律能力不高、心存侥幸之人便会通过“账外”交易等做出一些逃税或者是偷税漏税的行为。

除了David Wolfman在书中描述的现金的“原罪”，在现实生活中，现金的发展也会产生一些副作用。比如，在小小的公交系统的点钞间，我们通常会看到多名点钞员在实现着他们“数钱数到手抽筋”的梦想。这些来自公交车上的“钱”参差不齐，甚至还有一些游戏币。为此，很多人都期待着新的支付方式的出现，对现金的反对声越来越大。

但也不乏捍卫现金者，比如最直接的就是印钞厂。一些印钞厂认为，一方面，城乡之间的经济发展程度不一样，城乡差距难以在短时间内缩小；另一方面，受教育程度的不同及成长的时代差造成了长幼之间的鸿沟难以填平。在现阶段，非现金化的支付方式很难做到对人们日常生活的全覆盖。另外，我们不难想到一些政府贪官、贩毒者会是现金的最大支持者，其中的缘由不言自明，只有通过现金交易才能最大限度地做到防追踪、防定位。还有一些为农民工和老人代言的现金捍卫者的存在。这让人想起几年前铁路系统推行网上购票后引起的争议。虽然我们无权阻止人们使用现金，也无权干涉消费者选用哪种消费支付方式，但我们不得不尊重消费者的自由选择权。然而，技术的进步也不会因为少部分人的不适应而停止向前。

无论是支持者的声音大还是反对者的声音大，无现金化支付都已成为一种必然趋势，且这一趋势目前仍在深化过程中。值得注意的是，使用电子支付、移动支付是消费支付方式的一种新选择，但并不是必然选择。我们不能因为选择多了，反而给自己戴上“无现金”的紧箍咒，徒增束缚。应该以辩证的态度来对待正在到来的“无现金社会”。[①]

四、支付新时代：智能支付时代的来临

支付作为经济基础设施的一个重要行业，随着技术的不断革新，正在被重塑。支付方式也从货币支付、现金支付、刷卡支付等逐渐发展到当前应用较为广泛的电子支付、移动支付等。支付方式转变的背后隐藏的其实是技术的革新和进步。

---

① 上观新闻.时评饱受争议的“无现金社会”，到底该批判还是支持？[EB/OL]. https://www.jfdaily.com/news/detail? id=61420.

进入 21 世纪，人工智能被认为是人类社会的三大尖端技术之一。人工智能技术在各行业各领域的渗透势必会使得各行业各领域焕发出新的面貌。当然，支付领域也不例外。人工智能技术与支付行业的融合正在推动新一轮交易支付方式的变革。继移动支付之后，智能支付或许会成为下一个支付风口。

在 2018 年中国支付清算协会主办的第二届“支付智库”研讨会上，支付平台、支付行业、人工智能技术与支付平台的融合等领域的问题成为会议讨论的焦点。伴随着大数据、人工智能、区块链等金融科技与支付平台的融合，尤其是人工智能技术对支付底层技术的改造，“智能支付”这一新型的支付形态应运而生。

何为智能支付？简单来说，智能支付就是对金融科技 ABCD（人工智能、区块链、云计算、大数据）的一种集约化应用，它实现了互联网支付从“技术和支付”的贴合模式到“技术和支付”的融合模式的革命性升级。在目前的实践中，人工智能支付根据技术不同，大致可以分为智能语音支付、人脸识别支付、智能穿戴设备（NFC）支付等。[①]

智能支付的出现可看作是人工智能技术在支付领域的落地与应用，这一技术与支付技术的结合会在用户体验、运营效能、风险防控等方面呈现出新的优势。具体来看，主要表现出以下优势。

首先是提升用户体验。在目前的支付方式中，手机微信和支付宝扫码支付、密码支付、指纹支付等支付形式占据主导地位。随着人工智能技术的全面介入，以人工智能技术为代表的声纹识别、人脸识别等生物识别技术创新着新的支付方式，伴随而来的是新一轮更加智能化、便捷化的支付方式，如“语音支付”“刷脸支付”等。

目前，这些智能支付技术正逐渐被开发应用。譬如，谷歌语音助手推出的 Google Pay 便是利用了“声纹识别”这一技术。用户通过语音下达“给某人转账多少”的指令，谷歌语音助手便会自动识别语音信息，并迅速识别“主人”下达的命令等信息，识别成功便可按照指令完成转账。无须用户再拿起手机、找到联系人、输入转账金额以及密码等烦琐操作，只需要一句口令便可完成支付。这也是科技发展为盲人等特殊人群带来的一个福音。此外，亚马逊、万事达等也纷纷试水语音支付领域，借助于 AI 虚拟语音助手、智能音箱等，开启语音支付的新

---

① 金融科技观察.“智能支付平台”的责任边界与创新监管[EB/OL]. http://www.mpaypass.com.cn/news/201903/18210927.html.

模式。

再如，我们常说的“靠脸吃饭”指的便是基于人脸识别技术的“刷脸支付”。现在，“刷脸”早已不是什么新闻了，在很多公司、医院、政府甚至是学校，上下班“刷脸”打卡已成为常态。继刷脸打卡之后，刷脸与支付的结合又迎来了“刷脸支付”的新应用。提到刷脸支付，我们就不得不想到微信、支付宝两大巨头围绕“刷脸支付”领域而展开的争夺战了。支付宝在线下推出的刷脸支付设备名为“蜻蜓”，寓意它能够像拥有2.8万个复眼的蜻蜓一样快速、准确地识别物体。这款电子设备形如iPad，被摆放在各商业场所的收银台上，消费者不需要掏出手机，直接通过摄像头扫描人脸，认证通过便可以完成支付。

随后，微信也推出了具备同样功能的刷脸支付设备，取名“青蛙”。为什么要称其为“青蛙”呢？想想这两种动物的关系可能就不难理解了，因为青蛙是吃蜻蜓的。所以寓意也在这里，微信想达到一个“后发先至”的效果，“吃掉”蜻蜓。仅仅是在设备名称上，就让人感受到火药味十足。除此之外，两大巨头还纷纷拿出巨资在全国发展代理商，培育市场，以期望能够在这场新支付战争中赢得最大收益。

关于“刷脸支付”，有人说，这是第四次无现金支付革命。前三次分别是POS机支付、NFC支付和二维码支付。POS设备最早主要用于银行卡支付。NFC支付主要是通过手机来实现“刷机”支付，但这种支付方式逐渐被二维码支付所取代。二维码支付是目前使用最多的支付方式。而刷脸支付则是对二维码支付发起的新挑战。前面的三种支付方式具备的一个共同特点就是都需要“介质”。与前三次支付方式不同的是，刷脸支付不需要任何“介质”，也就是说我们可以什么都不带，靠一张脸就可以完成支付，这就是刷脸支付的一个最大特点。[①] 所以说，如果刷脸支付是未来的主流支付方式，那么微信、支付宝等两大巨头就势必会为此拼死一战。

虽然我们无法确切地说刷脸支付就是代表未来的支付方式，但是就目前来看，设有刷脸支付功能的自助收银台等设备已在餐饮、零售、医疗等大型场景中得到广泛应用，刷脸支付的趋势正在加强。

除了“语音支付”“刷脸支付”之外，伴随着大数据、云计算、人工智能等

---

① 百度.新支付战争：微信、支付宝砸下130亿，补贴刷脸支付[EB/OL]. http://www.360doc.com/content/19/0829/14/57550163_857751303.shtml.

技术的发展，还有一个重要的支付方式不可忽略，那就是“无感支付”。无感支付是基于车牌号码的信用代扣收费模式，能为用户节省停顿、等候、找零等流程的时间，实现高效通行。[①] 无感支付主要应用于高速收费、汽车加油等场景。

当前，支付宝和微信都启动了高速“无感”支付。支付宝推出的业务叫“车牌付”。支付宝用户只要芝麻信用达到550分以上，就可以申请“车牌付”。用户将自己的车牌号等信息与支付宝账号绑定，绑定之后的车牌号就相当于一张付款二维码。使用车牌付的用户在下高速时无须特意掏出现金或者手机扫码进行缴费，会有设备自动识别车主的车牌号，识别成功后，自动从与车牌号进行关联绑定的支付宝账户扣除费用。这极大地提升了高速收费的工作效率，节省了车主的时间以及人工收费成本。与之相似的是微信推出的“高速 e 行”业务，用户通过关注公众号填写信息，将车牌信息与微信账户绑定，从而在下高速时通过智能设备的识别自动扣费，完成支付。在支付安全方面，微信还特意开通了预存通行费业务，用户单独存放一定的通行费用，系统会自动从预存的通行费用里面扣费。这样便减少了误扣费用给用户带来的资金损失和一系列麻烦。

在汽车加油场景中，“无感支付”也被称为“无感加油”。无感加油是一种给汽车加油的新技术，它通过将移动通信、车牌识别等互联网技术与银行自动扣款等金融服务相结合，打造智能化、信息化的油站运营体系，实现车主无须下车、自动缴费、快速驶离的便捷服务体验。在目前的大多数加油站中，采用的主要还是现金支付或者是刷卡支付，考虑到手机扫码支付对加油站这种特殊场所可能存在的潜在威胁，一般加油站都不太支持扫码支付的方式进行缴费。因此，我们通常会看到，车主加油时会先将车开进加油站，然后下车与工作人员交流，待汽车加完油再去人工缴费，而后开车驶离。但随着“无感加油”支付技术的应用，车主只需将车辆信息与银行卡等绑定在一起，便可体验“无感支付”这项新技术带来的便利。

目前，“无感支付”已在很多高速路口、机场、加油站等场景中得到应用。2018 年，高速收费开启“无感支付”新模式。2019 年 8 月，中国石化广东深圳石油分公司与中国建设银行深圳市分行联手推出的“无感加油”也正式上线。未来，“无感支付”将会成为汽车消费领域的一股支付新浪潮。

---

① 百度百科. 无感支付［EB/OL］. https://baike. sogou. com/m/v167386426. htm? rcer = u9PEAtwSIgzcD_pOD.

其次是提高企业运营效率。传统的POS机主要是用于银行卡支付，人们需要随身带卡，在结算的时候通过密码输入或者指纹解锁进行支付。随着社会经济的发展以及人们生活品质的提高，功能单一、体验感不佳的传统POS终端已无法满足人们个性化、场景化的支付需要。随着大数据、云计算、人工智能技术以及智能移动POS技术的发展，出现了集刷卡、二维码、刷脸等多种支付方式为一体、线上线下场景融合的移动智能终端设备。智能终端不仅能够为用户提供多种便利的移动支付方式，如银联刷卡、微信扫码、支付宝刷脸等，满足用户的支付个性化需求，而且还能将商家与用户连接起来，利用大数据、云计算等技术，搜集用户的每一次消费信息，通过整合分析，为商家提供精准的营销策略。同时，还能基于这些数据记录与分析，推断用户的需求与喜好，为用户提供优质、有特色的推荐和服务，节省用户的时间，提高用户的体验。整体看来，人工智能等技术的应用可以提高数据处理的速度，加深数据分析深度，降低人工成本，最终达到提升企业运营效率的效果。

最后是智能防控支付风险。在以往的支付模式中，主要是“账户＋密码”的支付模式，但这种支付模式可能面临一些问题，如账户丢失、密码被盗取等。随着人工智能技术的引入，语音识别、人脸识别、瞳孔识别等生物识别技术与支付技术相结合，极大地提高了支付的安全性。基于生物识别技术，智能终端可通过将现实人脸图像与互联网图像以及身份证图像进行快速的交叉对比与分析，完成身份认证工作，最大限度地防止身份证被盗用、人脸图片被盗用等方面的支付安全问题出现。另外，可利用大数据、云计算、机器学习技术等打造全数据、自动化、高时效的支付风险防控体系，以便于更好地确保支付前后以及支付过程中的安全问题。利用大数据和云计算等技术自动挖掘文字、数据、图像等信息，进行同名账户搜查、可疑账户筛选，发现并标注风险警示，做好反欺诈等事前侦探工作。除此之外，未来，“区块链”技术与支付的结合又会从另一个高度来保障数据的安全和支付的安全。

语音支付、刷脸支付、无感支付等新的智能支付形式的落地预示着我们已经迎来一个新的智能支付时代。在这个新的支付时代，将进一步感受到科技带给我们的高效、便捷的体验。

五、实践应用：智能支付方式的落地

随着智能支付的逐渐普及，出门不带现金已经成为我们的习惯，只需要带个智能手机扫个码，就能轻松完成支付。2017 年 5 月，扫码支付与网购、高铁、共享单车等被“一带一路”沿线的 20 国青年评选为中国的“新四大发明”。当外国人还在为中国随处可见的扫码支付艳羡不已时，一些颠覆传统的新的支付方式——声纹支付和刷脸支付在中国率先出现了。不用带钱包、不用带手机，不用输密码，甚至啥都不用带，也能进行消费支付。这主要得益于刷脸支付等新的智能支付方式的出现。在新的支付方式下，我们的声音、我们的脸就是我们支付的通行证。

那么，究竟我们的声音和我们的脸是如何成为我们的支付通行证的呢？我们一起来看一下阿里巴巴集团的实践。

2017 年 7 月 5 日，阿里巴巴集团推出了一款采用圆柱形设计、有黑白两种配色的智能音箱（如图 7-2 所示）。音箱就是用来听音乐的？这对于传统的普通音箱来说是的。但当我们看到阿里设计的这款智能音箱的时候，这种观念就被改变了。这是一款集播放音乐、讲故事、查天气、查快递、充话费、在天猫超市购物、智能家电操控等功能为一体的 AI 智能语音终端设备，有了它，我们就相当于有了一个生活小助手。

图 7-2　智能音箱①

① 搜狗百科. 天猫精灵 X1 [EB/OL]. https://baike. sogou. com/m/v165332294. htm? rcer = g9PEAOGT4pACy9gty.

这款小巧可爱的智能语音音箱叫作“天猫精灵”。它不仅能够听懂中文普通话语音指令，和你对话聊天、播放音乐，还能给手机充值、帮你点外卖、控制家里的智能家电。比如，当我们在厨房做早餐或者是在家做家务的时候，可以对天猫精灵说一句“天猫精灵，我想听音乐”，“善解人意”的天猫精灵听到指令便会根据你平时的听歌喜好，为你推荐歌曲并自动播放，无须你手动选择与播放。再比如，当你慵懒地躺在沙发上不想动的时候，只需要对天猫精灵叫一声“天猫精灵，把窗帘打开”，天猫精灵便会自动控制家里的智能家居将窗帘打开并回应“窗帘正在打开”。

最重要的是，天猫精灵还有一项特殊的本领就是“声纹支付”。你无须掏出手机，也无须扫码，只需要通过声音给天猫精灵下达指令，便可以完成支付。声纹支付，这样一种全新的支付消费方式，具体是怎样实现的？其安全性又如何呢？

首先，我们来了解一下声纹支付的支撑技术——生物识别。生物识别是基于人体的生物学特征，将计算机、光学、声学、生物传感器和生物统计学原理等密切结合，通过深度学习算法模型进行身份识别验证的技术。具体而言，生物识别技术又可分为指纹识别、掌纹识别、声纹识别、人脸识别、虹膜识别、步态识别等不同技术类别。[①]

声纹识别是生物识别的一种，是基于人类发声的生物学特性发展而来的新技术。人类的发声是鼻腔、口舌、声道、胸肺等几大器官配合的结果，具有相对的稳定性。通过发声形成的看不见的声波被识别成声纹图谱，而与指纹类似，任何两个人的声纹图谱，都不会相同。正是因为声波的这种相对稳定性和唯一性，才使得阿里实验室里的研发团队尝试将声纹识别与支付相结合，让声音成为支付密码，创造更为快捷方便的支付方式。

在具体操作上，我们只需要动动嘴皮子就可以完成选购和支付的所有环节。以点外卖为例，当我们需要点外卖的时候，只需要对着天猫精灵输入“我要点外卖”的语音指令，天猫精灵就会快速地搜索附近评价较高、销售较为火爆的店面，并将推荐美食的价格、地址、距离等信息告诉你，向你确认是否要购买。当你语音回应“确认”之后，下一个环节就是身份验证，这也是最关键的一个环节，身份验证的成败关系到你是否能够成功支付下单。在这个环节，天猫精灵会

---

① 唐艳红.数字科技将改变支付方式和支付形态[J].中国信息界，2018(06)：83-85.

随机说出一串包含数字和文字的验证口令，你只需要在天猫精灵的提示下将这串口令重复一遍，天猫精灵便会自动识别你的语音信息并将之与账户采集声音进行比较，验证通过即可支付下单，验证失败便会取消订单。下单后的订单信息可以在手机淘宝外卖中查看。

仅仅通过声音下达指令便能轻松完成购物付款的功能，这的确给我们带来了便捷的购物体验。但是，习惯了用用户名和密码来保护安全的我们，真的能够放心用声音做支付密码吗？如何防止别人使用自己的天猫精灵来购物？其实，每一个天猫精灵就相当于一个独立的账户，当我们首次使用时，需要开启声纹购功能。天猫精灵会对用户的声音进行采集，然后熟悉声音，再将声音信息收入系统。在我们后面的购物过程中，天猫精灵便会以系统采集的声音作为标准，利用声纹识别技术来验证用户的身份信息。正是基于这种声纹识别技术，天猫精灵才得以根据声音条件识别出不同的使用者，以此保证用户使用的安全性和私密性。

除了声纹支付，还有一项重要的支付技术便是刷脸支付。人的需求永远都不会止步，我们抛弃现金支付，迎来刷卡支付，再到扫码支付等移动支付形式，人们消费支付的流程在一步步简化，越来越便捷。即使现在出门不需要带现金、银行卡，只需要带一个手机便可以随时扫码完成支付，但是还是有很多人不满足，想能不能再简单一点，什么都不用带，就可以进行消费支付。如今，刷脸支付的出现正在将人们的这种理想变成现实。

2015 年 3 月，阿里巴巴集团创始人马云的笑脸被定格在汉诺威电子展的大屏上，并且几秒钟之后，屏幕显示支付成功。这是马云在向观众演示他的支付宝“刷脸支付”技术。其后的两年里，便有不少人惦记着这项技术，并做出过一些探索和尝试，但始终没有落地成功。

2017 年 9 月，刷脸支付终于实现商用。在 9 月 1 日这一天，杭州万象城的肯德基餐厅内人气爆棚。与平时不大相同的是，这一天餐厅的门口多了三台自助点餐机，这些自助点餐机看起来与普通的点餐机也没有多大的区别，只是多了一项功能——刷脸支付。也正是因为这项功能，餐厅的人流量比以往多了很多。这是刷脸支付在全球范围内的首次商用试点，很多人便是慕名而来，迫不及待地想要感受一下“靠脸吃饭”的新体验。

首次使用时，我们需要在支付宝里面进行一个简单的开通操作，便能享受该项功能所带来的福利。打开支付宝，搜索刷脸支付，选择立即开通即可。然后，在自助点餐机上点餐，点餐完成后，自助点餐机屏幕上就会出现支付宝支付、微信支付、刷脸支付等众多支付方式。选择一种支付方式，比如刷脸支付，待刷脸验证通过，系统便会自动从你的支付宝账户扣费，完成付款。

因为支付宝的账户都是实名账户，所以刷脸支付比对的就是实名认证时身份证上的信息，其好处就是不需要另外采集、不需要注册，直接就可以使用。刷脸支付的整个过程可以控制在10秒以内。另外，老年人容易忘记密码，或在使用手机时容易输错密码，刷脸对于他们来说显然方便了很多。这样的操作方式既简化了支付流程，又提高了支付效率，实现了支付安全性和便捷性的统一。

在正式落地之前，阿里团队对于刷脸支付过程中的人脸识别准确率以及安全性进行了大量的探索。在实验室里，机器对人脸识别的准确率已经远远超过了肉眼。但在具体的实践场景中，我们可能会遇到很多方面的影响。比如室内外环境不一样，光线强弱不同，化妆前后有差距，甚至是用户的各种姿势和表情等都会对人脸识别的准确率造成影响。

相关统计数据显示，支付宝的“人脸识别”在第一次上线的时候，整体的通过率不到50%。也就是说100个人刷脸，差不多有一半的支付是失败的。为此，阿里实验室的研发团队不断调整算法、不断测试和改进，以尽可能地减少环境因素的干扰，适应用户的使用习惯，提高人脸的识别率。在测试的过程中，研发人员还将机器设备上安装了滤光片。滤光片也叫偏振片，可以对眼镜镜片的反光进行扩散分离，从而减轻反光对识别的影响。经过不懈努力，目前支付宝的人脸识别准确率已经高达99.6%。

我们也许还会置疑：如果是双胞胎，相似度那么高，在不熟悉的情况下肉眼一般都很难一下子区分开来，机器设备能够正确识别吗？我们化了浓妆之后，前后相差太大，会不会影响到机器的识别结果呢？

为了解答人们的这些疑虑，科研人员对机器进行了测试。首先，找一个人素颜上镜，然后再请化妆师帮这个人化上浓妆，再上镜。最终的测试结果一样，都显示“验证成功”，也就是说化妆并没有影响到机器的最终识别结果。其次，一对双胞胎姐妹也被请来做试验。在对双胞胎姐姐进行身份验证的时候，姐姐刷脸显示的是“验证成功”，妹妹刷脸显示的是“验证成功”，整个验证过程不到10秒，反之亦然。可见，双胞胎姐妹即使外貌十分相似，机器设备也照样能够快速、精准地对其进行身份验证。

快速、精准的背后有怎样的尖端科技呢？原来，除了专业的人脸识别技术，机器设备还能对人脸的特殊区域进行识别，如眼纹识别。眼纹识别技术主要识别的是眼白区域，每个人的眼白区域都会有一些细微的血管，这些血管特征对每个人来说都是不一样的，就像指纹一样，而且是终身不变的，所以我们把它也用来作为一种分辨人的不同身份的方式。因此，在眼纹识别技术下，即使你戴了眼镜也丝毫不影响机器的识别结果，这也是“人脸识别”的奥秘所在。眼纹识别虽然识别准确率极高，但由于技术难度高，目前还未得到广泛应用。

眼纹识别技术嵌入人脸识别领域，让我们日常生活中的刷脸支付更加安全。在餐厅、饭馆刷脸吃饭，在火车站、汽车站、地铁站刷脸进站乘车，在宾馆、酒店刷脸入住，在京东、苏宁刷脸支付……可以预见的是，“脸”正在被赋予越来越多的功能：身份证、通行证、付款码等。

未来，随着生物识别、物联网、人工智能等新技术的不断成熟和全面普及，将会出现越来越多的类似于声纹支付、刷脸支付这样的黑科技，从支付维度更好地改变我们的生活，使得我们的生活朝着无边界的智能化和便捷化方向发展。

第八章

智能机器：智能生活就在我们身边

教育机器人：陪伴孩子健康快乐成长

家用机器人：解放家庭主妇

养老机器人：关爱老人智慧养老

孩子独自在家无人照看？家庭主妇忙完工作还得面对一堆家务？老人孤苦伶仃无人陪护？面对这些看似无解的现实问题，或许你需要一台智能机器人。随着物联网、大数据、云计算、人工智能等新一代信息技术的发展，各种儿童陪护机器人、家庭机器人、养老机器人等相继面世，解决了上至耄耋老人下至垂髫儿童的一系列陪护、看管、娱乐、教育等问题，昔日的科幻正在成为今日的现实。

一、教育机器人：陪伴孩子健康快乐成长

当今世界，科技发展日新月异。机器人技术作为20世纪以来最具创造性的伟大发明之一，在工业制造、公共服务等方面发挥着越来越大的作用，是一个国家科学技术水平和工业技术水平发展的重要标志。2016年3月，谷歌人工智能计算机程序“阿尔法围棋”（AlphaGo）以三比零的成绩完胜世界围棋冠军李世石，使得人们对人工智能和机器人的关注度持续高涨。[①]

机器人可看作是人工智能技术的一个载体。作为一种机器装置，它可以通过某种程序控制，自主地完成某类工作任务。机器人最早应用于汽车制造业，由于早期汽车制造具有产量大、生产一致性高、对精度要求不太苛刻等特点，正好需要机器人这类不知疲倦、适合机械化生产的“工具”来辅助生产。机器人也重点应用于一些高危行业，比如建筑业，其目的是代替或者辅助施工人员从事一些高危工作，降低工作强度和工作风险，尽可能地保障施工人员的安全。随着人工智能等各项技术的发展和成熟，目前机器人已逐渐被应用到安保、教育、服务、医疗等领域。

随着我国二胎政策的全面放开，每年新增婴儿数预计将达到2 000万以上。然而，许多年轻父母常常忙于工作而无暇照顾孩子。尤其是在城市，为了完成固定的业绩考核，这些父母不得不经常熬夜加班、接待应酬，每天与孩子交流接触的时间严重不足。但陪护和教育孩子是父母们普遍重视的事情，在工作和陪伴孩子两者不可兼得时，父母往往会通过一些其他的途径和方式来解决，弥补对孩子陪伴不足的遗憾。比如，为孩子购买点读机、学习机之类的“玩具”来陪伴其学习与成长。在这种契机下，借助于人工智能技术的春风，机器人在儿童市场打开了一道缺口，儿童机器人应运而生。

目前，市场上专门针对儿童设计的机器人种类繁多，但其核心技术和功能都相差无几。在核心技术上，儿童机器人主要采用了人工智能、机器学习、语音识别、仿生技术等几大核心技术。

---

① 黄荣怀，刘德建，徐晶晶，等．教育机器人的发展现状与趋势[J]．现代教育技术，2017，27(01)：13-20．

人工智能是机器人的核心技术之一。它是研究、开发用于模拟、延伸和扩展人的智能的理论、方法、技术，以及应用系统的一门新的技术科学。将人工智能赋能在机器人身上，实质上就是将人的一些思维、语言交流能力、行为能力等表征在机器人身上，通过机器的“人化”来实现与人的沟通交流和互动。人与机器人最大的区别就在于，人是一个能够完全自主独立思考、决策、行动的“活体”，而机器人则是一个具备部分人的思考能力、半自主决策以及行动能力的“机械化个体”。为什么这里要用“部分”“半”等词语来形容机器人呢？其实，主要原因就在于机器人的这些思考能力和行为能力都是通过人工智能技术对人的思维、智能等的一种模拟和学习。就目前而言，其智能化程度还远远达不到真正的人的智能，因而我们说它是一个具备部分人的智能的机械体。

机器学习专门用于研究计算机怎样模拟或实现人类的学习行为，以获取新的知识或技能，重新组织已有的知识结构使之不断改善自身的性能，是人工智能的子领域，同时也是人工智能技术的核心。① 将机器学习技术与计算机结合是机器人模仿、学习并具有智能的根本途径。

语音识别即机器自动语言识别。语音识别技术以语音为研究对象，通过编码技术把语音信号转换为文本或命令，让机器能够理解人类语音，并准确识别语音内容，实现人与机器的自然语言通信。② 自然语言作为机器人与人之间信息交互的手段之一，在人机互动的过程中起着至关重要的作用，充当着“人机对话”的桥梁。

仿生技术则主要是指将人的外形、技能等“克隆”到机器人身上，使机器人尽可能地做到外形结构、大致功能与人相近。人形机器人便是仿生技术应用的一个典型。在目前的市场上，很多科技巨头公司不仅注重机器人功能结构的完善，也十分注重机器人外观形态的完美。采用了仿生技术的机器人可以模仿人类跳舞，或者是做一些跳、扭、摆手、旋转、下腰等动作，如阿尔法跳舞机器人。

具备人工智能、机器学习、语音识别、仿生技术等关键核心技术的儿童机器人在儿童的成长过程中扮演着重要的角色。对于低龄儿童来说，儿童机器人不仅仅是一个陪伴儿童一起玩乐的“伙伴”，更是一个启发儿童学习的早教“老师”。

---

① 百度百科. 机器学习[EB/OL]. https://baike.baidu.com/item/%E6%9C%BA%E5%99%A8%E5%AD%A6%E4%B9%A0/217599?fr=aladdin.

② 刘旸. 面向机器人对话的语音识别关键技术的研究[D]. 西安：西安电子科技大学，2009：5.

从功能上来看，就目前的儿童机器人来说，其主要功能体现在三方面：陪伴、娱乐、教育（如图 8-1 所示）。

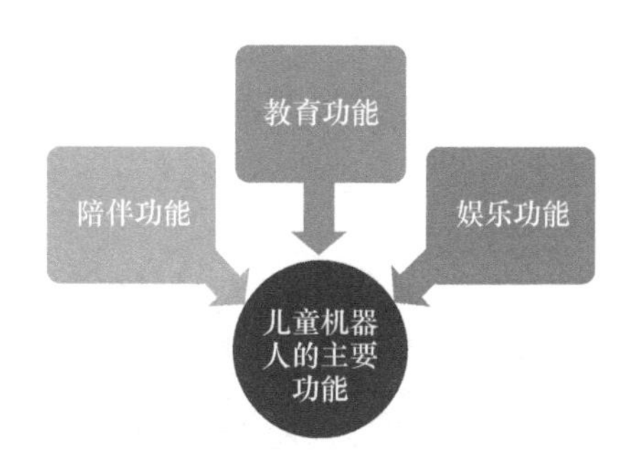

图 8-1　儿童机器人的三个主要功能

儿童机器人的陪伴功能不言而喻。因为工作的原因，父母陪伴孩子的时间相对较少。在父母工作或是不在家的时候，儿童机器人扮演着“父母”的角色，从而起到陪伴、守护孩子的作用。当孩子一个人的时候，儿童机器人能够通过程序设定的提示，督促孩子在什么时间该干什么，也能够代替父母帮助孩子解答诸如“大树为什么会落叶”“蝴蝶为什么会飞”之类的“疑难”问题，还能给孩子讲童话故事、寓言故事……时刻陪伴在孩子身边，让孩子不那么孤单。一些儿童智能陪护机器人还具有亲子视频通话的功能，充当着父母与孩子之间的情感纽带。360 儿童机器人便是这样一款智能陪护机器人。当孩子想念父母时，就可以通过 360 机器人与父母通话。基于人工智能云下的人脸识别技术，360 儿童机器人还能精确地识别孩子的面部表情，生动记录孩子成长的每一天，自动创作属于孩子的成长小视频。

在娱乐方面，儿童机器人则充当了一个“小伙伴”的角色。亚里士多德说：“人类是天生社会性的动物。”人的社会性就决定了我们每一个人，上至老人下至小孩，都需要参与一些社会活动，比如与人交往、融入集体等。对于儿童来讲，当他们到了一定的年龄段，从进入幼儿园开始，才开始真正广泛意义上的社会交往。在这之前，除了父母家人，从严格意义上来讲，是没有“伙伴”可言的。儿童机器人则扮演了一个“小伙伴”的角色，根据孩子的不同年龄，扮演着孩子的同龄小伙伴。

譬如，科大讯飞推出了一款叫作“阿尔法小蛋”的儿童智能陪伴机器人（如图 8-2 所示）。阿尔法小蛋智能机器人配备领先的语音识别系统和云端大脑，能够模拟儿童说话的语音、语调及语气。以一个“同龄人”的身份与儿童进行互动、交流，陪儿童聊天、唱儿歌、讲笑话等。更有一些在造型设计上专门为了方便“运动”而设计的机器人。这类机器人大多可以根据儿童的要求做出一些旋转、扭动等基本动作，陪儿童一起玩耍。另外，有一些儿童智能陪护机器人还具备“跳舞”的功能，如巴巴腾智能跳舞机器人等。

图 8-2 阿尔法小蛋①

说到这里，你可能会担心，父母不在旁边盯着，这些儿童智能陪护机器人在“跳舞”或者是做出一些动作时会不会伤到孩子呢？事实上，对于这个问题，父母大可放心。与孩子接触的这些陪护机器人都有相应的安全保障。除了具备安全的尺寸外观外，儿童智能陪护机器人的功能也是有安全保障的。所有具备旋转、跳舞等功能的机器人，都具有灵敏的定位探测捕捉技术，能够在“运动”时与孩子保持一定的安全距离，从而避免在移动旋转时磕碰、误伤到孩子。

除陪伴和娱乐两种基本功能之外，儿童智能陪护机器人还有一个最重要的功能，便是教育功能。这也是儿童智能陪护机器人的一个重要价值所在。无论是哪种品牌的儿童智能陪护机器人，它们都拥有一个丰富的教育资源库，内容涵盖数学运算、英汉互译、古诗对词、寓言故事、趣味谜语、成语接龙、百科常识等方方面面，涉及的领域十分广阔。丰富的教育资源和学习内容使得儿童智能陪护机器人在儿童的早期教育、兴趣爱好培养、智能开发等方面发挥着重大作用。

具体而言，儿童智能陪护机器人的教育功能首先体现在对儿童语言表达及交

① 搜狐.这款小蛋机器人太强大，聊天、学习、百科、提醒全能搞定，秒杀一切早教机丨明日团[EB/OL]. http://www.sohu.com/a/211342399_163162.

流能力的培养上，在语音对话、智能问答、成语接龙等一系列语音交互过程中，儿童的语言表达及沟通交流能力能得到训练和提升；其次，儿童智能陪护机器人通过讲寓言故事、出趣味谜语、播放音乐等，能从一定层面上启发儿童思考，训练儿童的想象力以及音乐感受能力，从而培养其在学习、音乐等方面的兴趣爱好；再次，通过系列简单的加减法或者是乘除法的运算，可锻炼儿童的思维能力和记忆力；最后，通过“跳舞”，儿童智能陪护机器人的“蹦、跳、旋转”等动作能够很好地训练儿童的注意力及观察力，有助于培养儿童各方面的能力。

总而言之，儿童机器人能够在父母忙于工作的情况下，通过娱乐互动、共同学习等方式陪伴孩子健康快乐成长。同时还能寓教于乐，让孩子在“玩中学”，兼具陪伴、娱乐和教育的功能。

据预测，到21世纪中期，人类将全面进入以智能机器人为代表的智能时代。在一些发达国家，尤其是在美、日、英等国家，机器人已作为一种教学辅助工具应用于教育、教学的过程中。从目前来看，在我国的一些教育辅导机构以及学校教育中，也出现了关于机器人辅助教学方面的探索和案例，譬如，卡仕（Kashi）辅助教学智能机器人、呆呆忆作业辅导机器人等。

卡仕辅助教学智能机器人秉承国际先进技术和STEAM教育理念，在辅导孩子学习知识、养成良好学习习惯、培养孩子综合素养方面发挥着重大作用。呆呆忆作业辅导机器人则是深圳小忆机器人技术有限公司推出的一款面向儿童的作业辅导机器人。它充分使用了图像检测及识别技术，大大提升了语文字词、英语单词等知识查询以及拍照搜题的效率。同时，还能进行作业批改，针对每个孩子的学习情况，提供个性化的一对一辅导。另外，小忆机器人还可以通过整理作业清单，记录孩子的作业完成情况，将作业状况信息化后推送到家长手机中相关联的微信号，方便家长实时掌握孩子的学习情况。

除此之外，目前市面上比较受欢迎的儿童智能机器人还有小哈智能教育机器人、小帅机器人、布丁豆豆（ROBOO）、小胜机器人、小墨机器人等。

作为儿童产品市场的后起之秀，携带互联网和人工智能的基因，儿童机器人尚处于发展的初级阶段，在智能化程度、交互体验、差异性等方面仍存在不足之处。具体可归纳为以下几个方面。

弱智能化。在人工智能的发展中，大体上可以分为弱人工智能、强人工智能以及超人工智能三个阶段。到目前为止，尚且处于弱人工智能阶段，这个阶段的人工智能只能完成某一项特定的任务或者是解决某一特定的问题。因而，在各种借助人工智能技术运作的机器装置上，也呈现出了阶段性的弱智能化特征。儿童智能机器人虽然在语言交流、常识问答、娱乐互动等方面表现出了对等于人类的智能，但在很多方面尚不能代替人类实现完全的智能化。随着人工智能技术的深入发展，相信“弱智能化”这一问题将逐步得到解决。

交互体验差。目前，应用市场中的儿童智能机器人虽然利用自然语言识别技术基本上能够做到与孩子交流互动，但存在的一个问题是，这些互动只是一些浅层次的、简单的对话。由于儿童机器人本身的智能化程度受到一定的限制，因此在某些深层次、系统程序未涉及的问题上还无法做到无障碍沟通交流，从而导致其交互体验感较差。

差异性不足。当儿童陪护机器人、教育机器人的风口一来，各大科技公司便拼命扎堆，试图在新的市场中占领一席之地。殊不知，儿童智能机器人的研发和生产需要大量技术的沉淀和经验的积累，并不是简单的技术挪用和叠加就能生产出高智能化、优体验感的机器人产品的。现在很多科技公司扎堆生产儿童智能机器人，无异于将原来的点读机、学习机、游戏机、平板计算机等换个包装，稍作改进，迁移到机器人装置中继续使用，或者说是其他同类机器人的改装和套用，行业之间的差异性不足，可替代性太强，容易造成市场饱和。

未来，儿童智能机器人将随着智能技术的升级而更新换代，纵深发展。横向来看，教育机器人是未来教育的重点发展方向。同时，家用机器人、医疗机器人等也是未来生活的重要助手。

二、家用机器人：解放家庭主妇

在中国古代，家庭分工十分明确：“男耕女织”。男主外，女主内。主内的女方只管“相夫教子”，照顾好家庭就称得上是贤妻良母。那个时候，没有什么家用电器，物质生活十分贫乏，女方也只是做一些做饭、洗衣服、扫地之类的家务。而今天，家庭分工越来越模糊，家庭主妇不再仅仅是做好家务、照顾好孩子就可以了。照顾孩子和老人、做饭、洗衣、打扫卫生等一大堆家庭事务的矛盾日益凸显出来。

通常情况下，家庭主妇上完一天班回来，也想好好休息一下，可是却有一堆事情等着要处理：晚饭还没做，客厅的地脏了还没拖，今天的衣服还没有洗……这个时候，我们恨不得自己会分身术，能够一下子将这些事情快速处理完。

当然，这种只存在于电视、电影等荧屏上的“分身术”在现实生活中是很难实现的。虽不能自己分身，但却可以通过其他途径，如专门请人帮忙处理这些日常琐事。在这种需求下，家政服务以及一些私人保姆应运而生。

家政服务及保姆的出现的确在很大程度上减少了家庭主妇的工作量，缓解了其压力。通过请家政服务或保姆，原本必须亲力亲为的事情，有人代替我们做了。下班回到家，可以看到干净亮堂的地板、舒适整洁的沙发、清洗烘干的衣服、清洁到位的浴室，甚至是已经做好的饭菜等着我们，而不再是拖着疲惫的身子忙个不停。

可是，即便是这样，家政服务在其发展中也存在诸多问题。

首先是价格昂贵，很多家庭都不愿意请家政服务。对于一些经济压力大、夫妻双方都不得不在外工作的家庭来说，与其在外赚钱、花钱请家政服务人员或保姆，还不如自己做，既节省开销，也避免了请家政服务人员或保姆上门服务的一系列麻烦。

其次是家庭隐私安全得不到切实保障。众所周知，家政服务行业是最能体现职业道德的行业之一。由于需求扩大，目前的家政服务市场出现了很多鱼龙混杂、良莠难辨的家政服务公司。那么，请家政服务人员或保姆在家做家务，家庭隐私安全又何以保障呢？诸如此类的问题使得家政服务的信任度及其应用普及程度不高。

于是，我们又幻想着能不能有一种机器人来代替我们做家务，把我们从繁重的家务劳动中彻底解脱出来呢？从本质上看，无论是家政服务还是家庭保姆，都还是需要人的双手去做这些事儿，只不过是换了一个人罢了。如果有专门替我们做家务的机器人的话，那么人类的双手就可以真正从家务活中被解放出来。这样，就不需要每个月请家政服务，也不需要再担心家庭隐私的安全问题了，而且机器人不知疲倦，也不会抱怨。随着人工智能技术的不断发展，人们的这个愿望正在逐步实现。“市场的需求”和“技术的进步”共同催生了为家庭场景而生的家庭机器人。

在美国，第一款家用机器人 Electrolux Trilobite 于 2001 年诞生。这是一款真空吸尘机器人，具备简单的躲避障碍系统和导航功能，可用于清扫平坦的客厅等。随着技术的不断改进，iRobot 公司又推出了新款的真空吸尘机器人 Roomba（如图 8-3 所示）。机器人 Roomba 在性能上有了很大的提高，具有防缠绕、防跌落、定时清扫等功能。与最初的吸尘机器人相比，Roomba 能够自动侦测地板的表面情况，并根据地板表面的不同材质，如地毯、瓷砖等，切换不同的清扫模式。而且能够轻松地避开电线、地毯流苏、垃圾桶等障碍物，将墙角、桌子底下等不易清洁的地方“一网打尽”。更为智能的是，新款的吸尘机器人 Roomba 还装有高端感应器、行为控制器及自主导航系统，能够很好地避免跌落情况的发生。在定时做完清洁之后，Roomba 还能自主导航回到充电基座充电。从应用市场来看，真空吸尘机器人 Roomba 是目前美国最受欢迎的一款清扫机器人。

图 8-3　真空吸尘机器人 Roomba①

在中国市场，对于机器人的研究与开发也并不落伍。其中较有代表性的就要数大名鼎鼎的人工智能及机器人研发制造领军者优必选科技公司推出的智能机器人了。在 2019 年的春晚上，6 台大型仿人服务机器人亮相深圳分会场，与众多明星一起表演了歌舞《青春畅想》（如图 8-4 所示）。这些伴舞机器人一边跳舞，一边跟着音乐节奏变换表情和队形，吸引了无数观众的目光，并上了微博热搜——“春晚机器人”，人气一点也不输同台明星。

① 搜狐. 当今世界能力最强的十三种家用机器人，也可能是最蠢的[EB/OL]. http://m.sohu.com/a/206780490_102883?from=singlemessage.

图 8-4　Walker 在央视春晚表演节目[①]

事实上，它们的名气确实不小，只不过不是在娱乐界，而是在科技界。这些参与表演的聪明又萌趣的机器人正是入围 the Best of CES 2019（2019 年国际消费类电子产品展览会最佳产品奖）名单的 Walker 新一代。

2018 年 1 月，优必选发布第一代机器人时，Walker 仅是一个只有双足的机器人。在 2019 年的国际消费类电子产品展览会上，当大型仿人服务机器人 Walker 再次亮相的时候，已经配备了灵活的双臂和灵巧的双手（如图 8-5 所示）。从 CES 2019 首次亮相到 11 月，世界机器人和智能系统领域最著名、影响力最大的顶级学术会议之一 IROS 2019 在澳门举行的时候，中间仅 10 个月左右的时间，Walker 便在运动性能、柔性交互、环境感知等方面进行了算法迭代和功能提升。

在运动性能方面，优必选对机器人的静态平衡能力以及行走步态等进行了升级，使得 Walker 的双腿对于复杂地形的适应能力进一步增强，能够轻松、快速、平稳地上下楼梯，行走能力及姿态更接近于人类。

在柔性交互方面，优必选也尽可能地在对 Walker 进行设计的过程中对其安全性进行考量，保障其在应用过程中的安全性。1940 年，被称为“机器人学之父”的科幻作家阿西莫夫为保护人类，对机器人做出了一些规定，被称为“机器人三原则”：机器人不得伤害人类；机器人必须服从人类的命令；机器人必须保护自己。[②] 这为机器人赋予了伦理性的纲领，也为机器人生产制造商提供了有效

---

① 腾讯新闻. 春晚亮相的 Walker 机器人背后有哪些黑科技？[EB/OL]. https://inews.gtimg.com/newsapp_bt/0/7592017731/641.

② 百度百科. 机器人三原则 [EB/OL]. https://baike.baidu.com/item/%E6%9C%BA%E5%99%A8%E4%BA%BA%E4%B8%89%E5%8E%9F%E5%88%99/10617453?fr=aladdin.

的指导方针和制造原则。

图 8-5　优必选机器人 Walker 新一代①

在“机器人三原则”的指导下，作为全球领先的人工智能和人形机器人制造企业，优必选在 Walker 的设计中应用了力控技术。通过力位控制方法，Walker 的手掌在与外界物体的接触中，能够很好地把握力度，避免对目标物体造成损坏。优必选也对 Walker 的双臂协调能力进行了研究。利用其全身柔顺控制技术及协调能力，Walker 能够熟练地将桌子擦干净，且力度适中不留划痕。

在环境感知方面，优必选充分利用“视觉伺服”（Visual Servo）技术，并将其与感知系统相结合，使得 Walker 能够通过胸前的深度相机自主识别目标物的位置和姿态。比如，在倒水的展示过程中，Walker 首先会对水杯的位置、大小等进行定位，以调整双手的抓取位置，然后自主进行运动规划，完成“倒水”的操作任务。这方面的技能研究使得 Walker 能够在以后的生活中为我们做更多类似于“倒水”的事情。

与国际业界同行相比，其实优必选的起步并不算早。从 2015 年至今，Walker 机器人项目仅用了四年左右的时间，就从实验室走向了国际消费类电子产品展览会（CES）、世界机器人大会（WRC）以及机器人领域顶级学术会议 IROS，并获得了诸多荣誉。目前，Walker 已经具备帮忙开关门、拎东西、端茶倒水、弹琴画画、控制家居设备等功能。据研发团队介绍，Walker 的下一步目

---

① 春晚机器人上了热搜，家庭机器人离我们还有多远？[EB/OL]. https://mp.weixin.qq.com/s/LbXOEDHgSTOJd6qi5juTXw.

标就是走进千家万户。相信随着机器人技术及人工智能技术的发展，在不久的将来，Walker 将以一种优雅的姿态走进人们的家庭生活，成为受人们信任的家庭一员。①

与优必选机器人类似，以色列机器人公司 Roboteam Home 研发的机器人 Temi 也是一款多用途的家用智能机器人（如图 8-6 所示）。Temi 高约 1 米，配备有 10 英寸的高清 LCD 显示屏，自带载物托盘，在底座下面藏有可移动的轮子。当你躺在沙发上想吃水果的时候，只需要向 Temi 下达语音指令，听到指令的 Temi 便会自动将水果取来递到你手上，帮助你实现"饭来张口，衣来伸手"的愿望。另外，当你在做饭的时候，还可以像使唤自己的孩子一样让 Temi 帮你取食材、拿东西。

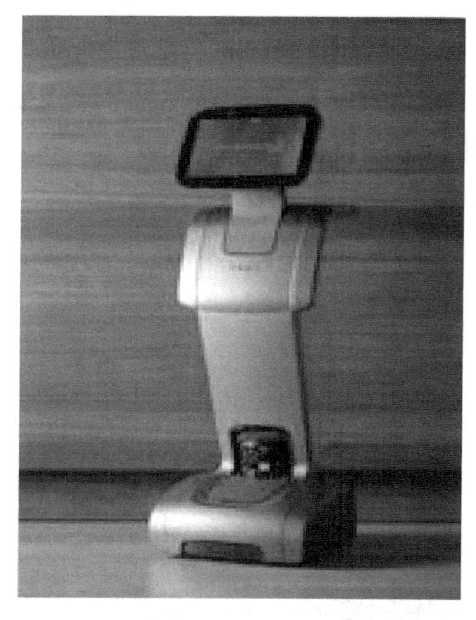

图 8-6　机器人 Temi②

这些都是怎样实现的呢？原来，Temi 拥有强大的语音操作系统。依托腾讯云小微强大的人工智能技术和丰富的内容资源优势，大多数话都能转换成指令，讲话就相当于给机器人下了指令，接收到指令的 Temi 便会自主地帮你做事情。

① 百度.从机器人到机器"人"，Walker 迭代技术攻坚路[EB/OL]. http://www.jdzj.com/news/133588.html.

② 百度百科. Temi 机器人[EB/OL]. https://baike.baidu.com/item/Temi%E6%9C%BA%E5%99%A8%E4%BA%BA/23619712?fr=aladdin.

另外，在Temi的身上还配备有大量的传感器。在传感器及系统作用下，Temi能够辨识各种应用场景、自动规避障碍物。因而，即使是在复杂的环境中，Temi也能够自主寻路，为你“奔东走西”取水果、拿食材。

除了如Temi这种帮我们打打杂的机器人外，要是我们能够有个会自主思考、帮我们照看家庭的“管家”机器人又该多好？别着急，BIG-i就是这样一款家庭机器人。BIG-i机器人在造型上既像一个独眼垃圾桶，又宛如一个呆萌小黄人（如图8-7所示）。开发公司NXROBO将其称为“私人机器人管家”。除了跟普通机器人一样拥有基础的语言识别功能外，BIG-i机器人还具有空间认知和三维绘图能力，能够根据房间、语音、人体移动等来辨别方向。BIG-i头上的大眼睛其实是一个可以全方位自由旋转的高清摄像头，能够对人的面部表情和动作指令进行识别，对家庭环境进行自动侦察。在其体内，还装有各种温度、湿度、感光等传感器。当BIG-i监测到温度下降时，会自动提醒主人出门带外套；当室内温度过低或者过高时，BIG-i还能连接智能家居，将空调温度调高或者是调低；当感知到阳光太强烈时，BIG-i会让窗帘自动降下来；当发现有陌生面孔在门外时，BIG-i会马上去通知主人……如此智能，可见开发公司称其为“私人机器人管家”不无道理，它确实像个小管家一样智能地守护着你的家。

图8-7 BIG-i机器人[①]

① 国搜百科．BIG-i机器人[EB/OL]．http://baike.chinaso.com/wiki/doc-view-315946.html.

在 Walker 这类多用途家庭机器人普及之前，扫地有真空吸尘机器人 Roomba 帮忙，那么擦窗户怎么办呢？不想做饭炒菜、不想清洗泳池、不想折叠衣服、不想打理院子……又怎么办呢？其实，也大可不必担心，专门针对这些家务活的机器人早已向我们走来或者正在向我们走来。

莫雷机器人是世界上第一个厨房机器人（如图 8-8 所示）。它包括橱柜、灵活的机械手臂以及电器和安全设备。莫雷通过动作捕捉技术可以学习人类的烹饪手法，并将其数据化存入数据库中。当人们点餐的时候，莫雷机器人接收到点餐信息便会自动从拥有 2 000 多份菜谱的数据库中提取数据，并进行美味佳肴的制作。同时，由控制关节和多种传感器组成的机械手臂还可以擦洗锅碗瓢盆和灶台，简直就是一个被克隆出来的家庭主妇。

图 8-8　机器人厨师莫雷①

目前市场上也有很多炒菜机器人，它们都有设置好的炒菜程序，你只需要将食材放进去，这类机器人便会自动把菜做好。

“科技因懒而进步”，确实如此。虽然当前全自动洗衣机已经遍及千家万户，洗衣服成了一件轻松的事儿，但衣服晾干以后还得叠。众多形状、尺寸不一的上衣、裤子、裙子折叠起来还真不是一件省力的事儿。为此，美国一家名为 Foldimate 的公司推出了一台自动叠衣机 Foldimate，并在 2018 年的国际消费类

① 大科技杂志社.家庭机器人总动员[EB/OL].https://baijiahao.baidu.com/s?id=1634655231192904793&wfr=spider&for=pc.

电子产品展览会（CES）上亮相（如图 8-9 所示）。这台叠衣机的形状像一台打印机。折叠衣服时，首先需要将衣服平整地放在上面的夹子入口处，然后机器就会像“吸纸”一样将衣服“吸”进去，几秒钟之后就可以看到折叠得整整齐齐的衣服从下方出口处送出来。目前，这款机器可以折叠衬衣、裙子、裤子、T 恤等常规衣物，极大地节省了叠衣服的时间。

图 8-9　自动叠衣机 Foldimate①

未来，自动探测窗户边角距离、规划擦窗路径的擦窗机器人的出现会代替人们进行高层擦窗、户外擦窗工作；自主充电、自动修剪草坪的割草机器人会帮你打理院子；拥有 GPS 定位系统，防缠绕、自动旋转的泳池机器人会帮你清洁泳池……

比尔·盖茨曾预言：机器人即将重复个人计算机的崛起之路，未来家家都会有机器人。继个人计算机进入家庭的预言实现之后，智能技术飞速发展，这场家庭机器人的革命也势必与个人计算机一样，彻底地改变人类的生活方式，将家庭主妇从繁重的家务活中解放出来。

三、养老机器人：关爱老人智慧养老

近年来，我国人口老龄化程度不断加重，家庭及社会的养老压力不断增加。

---

① 大科技杂志社.家庭机器人总动员[EB/OL]. https://baijiahao.baidu.com/s?id=1634655231192904793&wfr=spider&for=pc.

《2017—2025 年中国人口老龄化市场研究及发展趋势研究报告》数据显示，我国 60 周岁及以上老年人口比重逐年上升。预计到 2020 年，老年人口会达到 2.48 亿人，老龄化水平达到 17.2%（如图 8-10 所示）。“明天，我们如何养老”似乎成了一个时代难题。

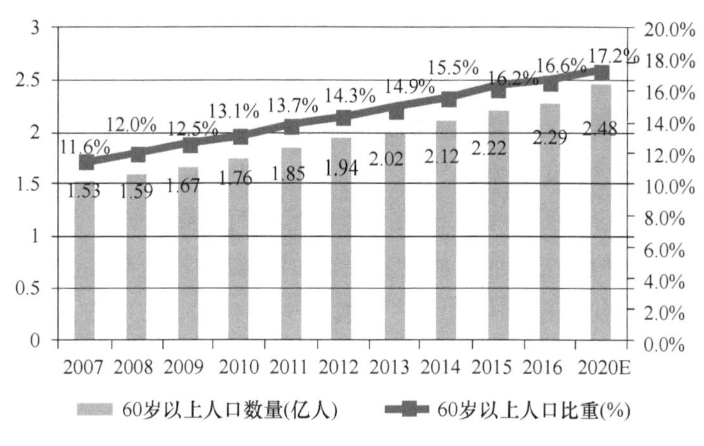

图 8-10　2007—2020 年中国 60 岁以上人口数量及比重①

相关调查数据显示，目前，我国超过 90%的老人会选择居家养老，由子女或者是配偶承担其主要看护任务，少部分则是雇佣家庭保姆照顾。大约有 7%的家庭会选择社区养老，剩下的家庭则会选择到养老院等养老。

不管是哪种养老方式，从当前来看，都存在着不足的地方。对于居家养老来说，家人或者保姆缺乏一定的护理知识和技能，都只能给予老人最基本的身体健康状态监控和护理，但对于老人的生活照料和精神慰藉却显得有些无能为力。而在社区、养老院、医院中，由于医护、看护人员数量有限，需要照顾的老人数量庞大，所以也存在着诸如照顾不周全、容易疏忽之类的问题。

在 2019 年 8 月 20 日的世界机器人大会上，有一些主打“养老”概念的机器人，如养老残助机器人、医用机器人等，吸引了许多观众的目光。一些专家表示，养老陪护服务型的智能机器人在未来的家庭养老以及社区养老中，将占据越来越重要的地位。

近几年来，随着大数据、云计算、人工智能等新一代信息技术的兴起，智慧

① 中国产业信息. 2017—2025 年中国人口老龄化市场研究及发展趋势研究报告[R/OL]. https://www.chyxx.com/research/201612/473223.html.

养老成为养老行业的发展趋势。面对汹涌而来的“银发浪潮”，一些企业试图将养老服务与人工智能结合起来，研发面向老人的智能养老机器人产品，为老人提供一些娱乐陪伴、智能提醒、安全监测、卫生保洁、医疗辅助等方面的服务。

智能养老机器人是指用于养老的智能机器人，具备提醒、监测、辅助生活等功能，不仅适用于养老机构，更适用于独居老人。从业务类型来看，养老机器人大致可分为辅助护理类机器人、生活服务类机器人以及陪伴类机器人等三大类。

辅助护理类机器人主要是指机器人手臂、助行机器人、多功能护理床等帮助老人或患者进行起立行走、坐卧、翻身等行动的机械装置和设备；生活服务类机器人主要是指一些可以帮助家里老人承担搬运东西、照顾饮食起居、提醒吃药、端茶倒水、清洁打扫等工作的智能机器人，如清洁机器人、搬运机器人等；陪伴类机器人的主要功能就是陪伴老人、与其交流对话等，以达到满足老人情感需要、缓解老人的孤独感、对老人进行心理陪护的作用，如宠物机器人、聊天机器人、娱乐机器人等。

其实，早在 20 世纪 90 年代初期，就出现了陪护类的机器人。众所周知，日本是一个老龄化十分严重的国家。在老龄化的沉重社会压力下，日本投入了大量的人力、物力和财力，对陪护类助老机器人进行研究。1998 年，日本科学家柴田崇德（TakanoriShibata）研发的养老机器人——帕罗（Paro）——问世。帕罗（Paro）是一款在造型上宛如一只毛茸茸的海豹宝宝的宠物机器人（如图 8-11 所示）。它的皮毛下安装了触觉、听觉等众多感应器，使其能够在与人互动的过程中，可以根据外部刺激条件做出一些诸如兴奋、撒娇、卖萌等带有情感的反应。

老人可以将帕罗搂在怀里、放在腿上或者沙发、椅子上，并对其进行触摸，与之讲话等。辨识到外界声响及主人的声音和命令的帕罗会充满“人情味儿”地对你发出吱吱声以示回应，并乖巧地对你做出一些撒娇、卖萌的表情。最重要的是，这是一只永远也不会死，且容易清洁、无须培训的“宠物”。当你对它发脾气、大声呵斥的时候，它也不会因为伤心而不理你。在这一点上，帕罗战胜了很多真实的小猫、小狗等宠物，在医院、养老院等地备受欢迎。

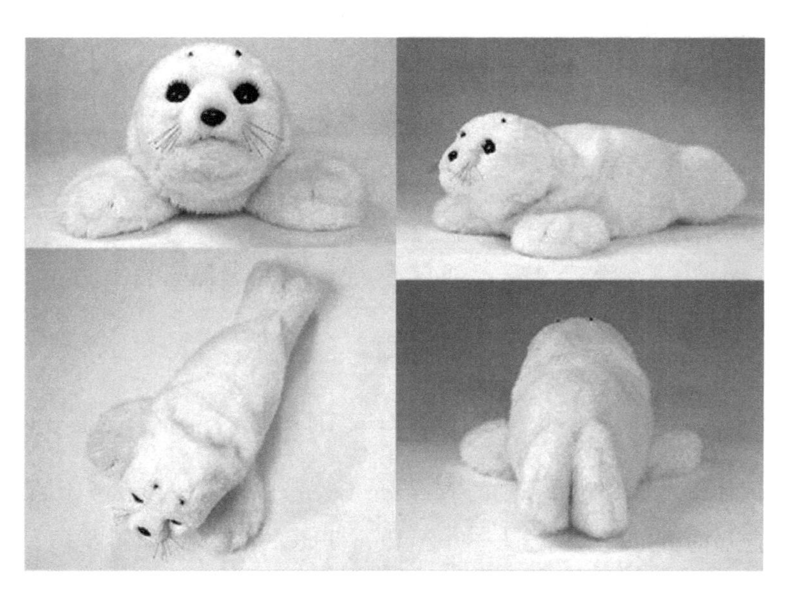

图 8-11　帕罗（Paro）机器人[①]

除此之外，帕罗还对老年痴呆症、失智症、阿尔海默症等患者大有裨益。它能够在一定程度上对患病老人的情绪进行安抚和镇定。据调查，很多阿尔海默症老人都表现有“日落症候群”的症状，即在傍晚或者晚上，甚至是夜间的时候，容易焦躁不安，想要四处走动。研究发现，如果让患病老人抱着一只“海豹宝宝”，乱走的现象就会大大减少。这也就意味着老人摔倒、磕碰到的风险将大大降低。如今，“帕罗”已被应用到日本、美国、意大利等多个国家的医院及养老院中，用于缓解老人孤独、焦虑的内心感受，从而达到心理康复的作用。

随着技术的发展，一些可以照顾老人生活起居的实用型服务机器人也相继出现，如日本 Cyberdyne 公司设计的哈尔（Hal）机器人。这是一款可增强老人四肢力量的可穿戴设备（如图 8-12 所示），能够帮助老人起身、翻身、行走、抬举东西等。最厉害的是，它能够改善老人的大脑、神经以及身体肌肉的功能。即使是半身瘫痪或者是麻痹、失能的老人，只要穿戴上这款哈尔机器人设备，在康复训练下，也能逐渐恢复活动机能。

① 搜狐. 机器人做医疗护工靠谱吗？有效但无法替代亲人情感[EB/OL]. http://www.sohu.com/a/126553061_345191.

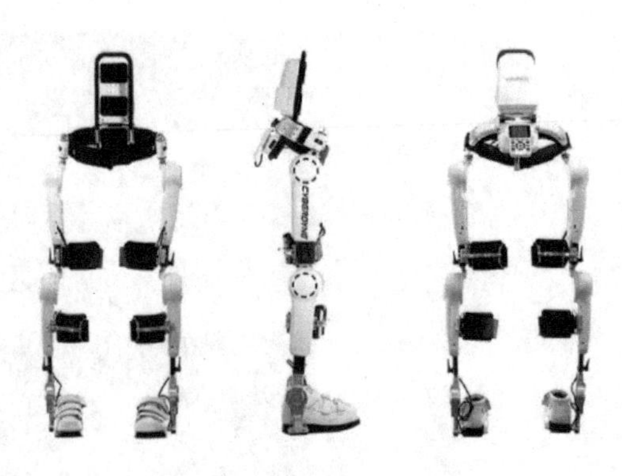

图 8-12 哈尔（Hal）机器人[1]

在美国加州大学旧金山分校的 Mission Bay 医院，有一种服务于医院、照顾病人饮食起居的自主移动机器人——Aethon TUG 机器人（如图 8-13 所示）。这款“立方体”的机器人通过系统设定，平均每天可行走 115 英里，不仅能为医院运送药物和食物，还能帮助整理床单、清理医疗垃圾等。该医院的病人能够通过手机、平板计算机等进行点餐，收到点餐信息的厨师可将食物放进机器人的橱柜里，并对其下指令将食物送到指定地点。TUG 机器人内置导航系统，可躲避障碍物、乘坐电梯等。另外，TUG 机器人还可以利用医院的 Wi-Fi 信号与中央控制系统连接，可在迷路等意外情况发生时发送求助信息给总部，工作人员可远程查看机器人信息记录并观察周边情况，以及时解决问题。TUG 机器人的应用不仅降低了医院工作人员床单整理、药物运送、垃圾清理的工作量，还大大提高了医院的工作效率。

除此之外，其他有着相似功能的智能养老机器人也不断被研发出来，譬如，日本索尼公司（SONY）研发的可与老人进行连续性对话的“泰迪熊（Teddy）”宠物机器人、欧姆龙公司（OMRON Corporation）推出的完全仿真的能够与人交流的人工毛皮新型机器人宠物猫“尼克罗（NeCoRo）”、松下公司推出的可由床变成轮椅的机器人“Resyone”、日本理化研究所（RIKEN-SRK）人机互动研究中心和日本住友理工公司推出的护理机器熊“Robear”、由 iRobot 和 InToch Heath 公司联合研发的远程医疗机器人“RP-VITA”等。

---

① 搜狐. 日本造出改变世界的产品，可穿戴机器人 HAL[EB/OL]. http://www. sohu. com/a/255075973_100189305.

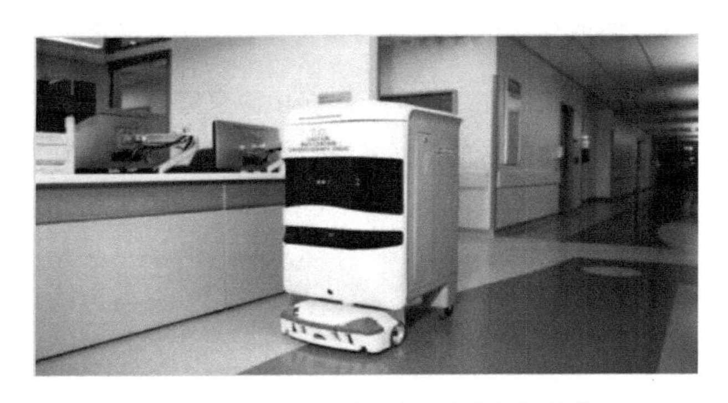

图 8-13　TUG 机器人在医院应用场景[①]

由此可见，一些发达国家尤其是日本对养老机器人的研究尤为重视，也在不断探索的过程中开发了一些实验样机，且部分高端智能养老机器人已经开始进入市场。

国内方面，面向老年人的智能陪护型养老机器人的研究才刚刚起步，大部分企业都处于试水和初步布局的阶段。在早期市场上，可以看到一些较为积极的入局者，如柚瓣家养老机器人、优必选克鲁泽 Cruzr 养老机器人、新松家宝智能养老机器人等。在功能服务方面，基本上已经具备智能看护、亲情互动、健康管理、远程医疗等功能。

技术的进步为智能养老机器人功能的实现提供了有效的解决方案。对于老年人来讲，他们主要有两个方面的需求：一是生活上的自理，二是精神上的陪伴。

目前，处于试验阶段的大多数智能养老机器人能够在生活方面给予老人很大帮助。也有很多单一功能的机器人推出，比如助行机器人、智能轮椅、机器人手臂等。但在精神陪伴上，智能养老机器人是否真的能够代替亲人给予老人精神上的依恋，仍值得研究。

守护亲情是中国人自古以来的情感诉求和价值追求。即使是在今天，父母以怎样的一种方式安度晚年仍然是子女们十分重视的一件事情。虽然在养老机器人的研发过程中，人们尽可能地通过机器学习、人工智能等技术赋予机器人学习的能力，以更好地了解老人的爱好、行为习惯，最大程度地满足老人对于情感交流和陪伴的需要，成为真正“懂”老人的那个“人”，但从目前来看，机器人尚未

① 搜狐.视频｜TUG：一款既适用于医院，也适用于仓库的运输分拣机器人！[EB/OL]. http://www.sohu.com/a/213389659_168370.

能真正做到这一点。智能养老机器人的“养老”之路任重而道远。

从市场需求来看，未来的几十年里，很多中国家庭对于养老机器人的需求将成为刚需。加上近几年科学技术的迅猛发展，智能养老机器人的“蓝海”市场正在被开发出来。

第九章

智能安防：你的安全生活我做主

智能安防：更为智能的安全网络
智能安防：提高安防的效率和质量
具体场景：智能安防的落地成功
智能监控：如何保护人的隐私

智能安防拥有一整套庞大的安全防控系统及各种综合性的智能配套产品和设备。与过去的安防相比，智能安防无论是在效率还是在质量方面都有着显著的优势。现如今，智能安防已在道路交通、社区等城市生活的重点监控领域落地。但与此同时，在智能安防的发展中，智能监控的“透明化”“可视化”也使得个人隐私保护受到一定程度的挑战，因而监控与隐私如何兼得成了智能时代人们普遍关注的一个问题。

一、智能安防：更为智能的安全网络

安全是关乎人的生存、生活和发展最基本和最重要的需求，是一切活动的基础和前提。只有在生存环境安全、生命安全得以保障的前提下，人才能正常地从事其他一切活动。

美国人本主义学家马斯洛在他的需求层次理论（如图 9-1 所示）中提到，人的需求从低到高按层次分为五种，分别是生理需求、安全需求、社会需求、尊重需求以及自我实现的需求。从该理论可以看出，人除了基本的呼吸、睡眠、水、食物等生理本能需求外，下一步便是对于安全的需求。安全的需求处于人的需求的底层，在安全需求得到实现之前，人的社会需求、尊重需求以及自我实现的需求就无从谈起了。由此可见，安全的重要性是不言而喻的。

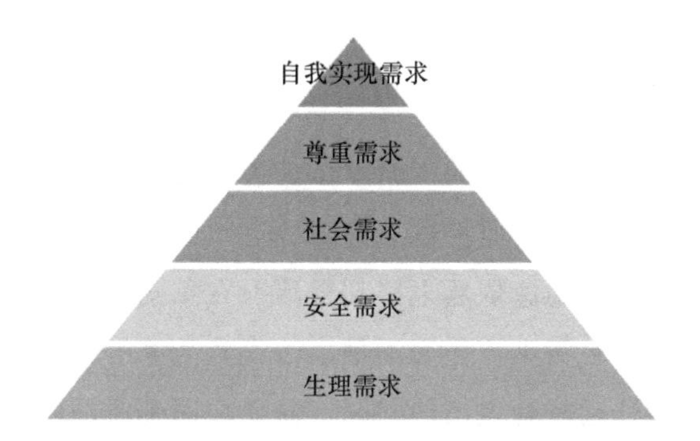

图 9-1　马斯洛的需求层次理论

正是因为安全在人类生存与发展的过程中起着十分重要的作用，合乎人类最本质的需求，人们对于安全的重视才从古延续至今。但不管怎么重视，安全问题仍然会存在，安全事故仍然时常发生。在家中，煤气泄漏、天然气泄漏、火灾、入室盗窃等一系列危及人们生命和财产安全的事故随时都可能发生；在社区中，跟踪抢劫、打架斗殴等事件也时有发生；在学校里，校园暴力、校园欺凌、校园偷盗行为等依然存在；在银行，保险柜被盗、抢劫……诸如此类，发生在各个环境、各种场景中的安全事件使人们在恐惧、担忧的同时，也不得不思考如何来减少此类事情的发生。

从主观意愿来看，家庭和学校会以学生健康人格的培养以及美好心灵的塑造为目的来给予学生思想道德教育，使其从小形成健康、优良的人格品质，关爱同学，不偷不抢等，以此来减少校园暴力、欺凌以及偷盗事件的发生。社会也会有一些行为规范来约束人们的行为，包括伦理制约、道德谴责乃至法律惩戒。不管是内在的道德谴责还是外在的法律约束，都是从人类本身出发，以期减少违法犯罪等一系列危及人们生命和财产安全的事件发生。但在现实环境中，引起人们对“安全”担忧的因素并不仅仅来自人类自身，也来自各种不可避免的客观因素。因而，即使我们从主观层面做出了很多努力，希望此类事情不再发生，但各种现实的环境和条件仍然使得这类事情不遂人愿。

在客观环境中，人们也为更大程度地保障生存和发展的安全问题而“烧脑”，并在基础硬件设施方面做出了相应的探索和努力。比如，为防止盗贼入室，设计了防盗门、防盗窗、防盗网等；为减少火灾发生造成的财产损失和对人的生命安全的威胁，社区、医院、学校、车站等各种公众场所都配有消防栓；为追查偷盗、抢劫、打架斗殴等案件，在某些必要的公共场合中安装有一定数量的摄像头等各类监控器。这些硬件设施的配置在一定程度上减少了个人及公共财产的损失，降低了对人们生命安全造成的威胁。

随着社会的不断发展与科技的不断进步，各自独立且单一化、机械化的安全防控设备（如防盗门、摄像头监控器、消防栓等）已经无法满足人们对于安全防控的需求。因为很多安全隐患依然未得到根治，在急剧加快的城市化进程中，交通阻塞、能源紧缺、环境污染、住房不足、治安紊乱等问题日益严重。在各项技术的支撑下，为解决这些较为突出的问题，需要加速企业的转型，推动政府职能的转变，加强社会治理创新，加快建设智慧城市。

智慧城市建设主要是指基于物联网、大数据、云计算以及各项通信技术，将我们的城市打造成为一个“万物互联”与“万物智能”的系统，以有效地调动与整合整个城市的资源，做到精细化、精准化、动态化地管理城市，从而优化城市管理和服务，提高人们的生活水平和生活质量。在建设智慧城市的背景下，人们对于“平安城市”的建设也愈发关注。

平安城市集社会治安管理、道路交通管理、生产安全管理等为一体，可通过图像视频监控、灾难事故预警、应急疏通指挥等手段为人们打造一个安全舒适的城市生活环境。平安城市是智慧城市建设的重要组成部分，其建构除了要依靠我们表面上看到的各种安防产品和安防设备外，最为本质和核心的是其背后庞大、复杂的安防系统。依托其智能、精细化的安防系统，各种安防产品及设备互联互通起来，相互协调与沟通，并对一些特殊情况或是异常情况做出相应的判断和决策，实施相应的报警行为等。

在整个安全防控过程中，安防系统充当“大脑”的角色，起着思考、判断、决策的作用。应用场景中的各种安防设备则相当于“四肢”，起着执行的作用。安防系统、安防设备与相关服务的相互配合，共同承担着保护城市社区安全的重任。

基于大数据、云计算、物联网、人工智能等技术，在智慧城市的建设下，安防系统也变得智慧、智能起来。智能安防系统可以简单地理解为一个包括图像视频采集存储与分析处理、异常情况监测预警、入侵联动报警等功能在内的智能系统。就其组成来说，一个完整的智能化安防系统主要包括智能门禁系统、预警系统及监控系统三部分（如图 9-2 所示）。以这三种系统为代表的各类集成化的子系统目前已广泛应用于社会应用场景（如公安、交通、楼宇等）以及民用场景（如小区、家庭安防等）中。

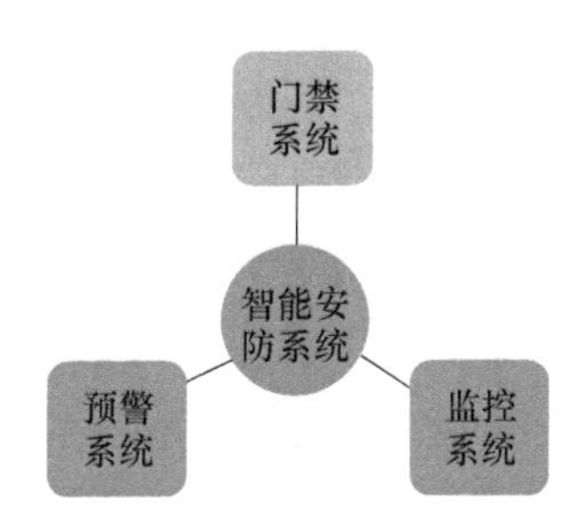

图 9-2　智能安防系统的三大组成部分

具体来看，门禁系统是一种在社区入口、超市入口、车库入口等各类出入口对进出人员或车辆进行权限管理的智能化管理系统。近两年来，随着生物识别技术、红外探测技术、各类感应技术等的发展，门禁系统已经超出了传统的钥匙开门等管理模式，逐渐发展成了各种磁卡感应、人脸识别、车牌识别等智能出入的管理模式。智能门禁系统的出现是新一代信息技术深入发展的结果，它集自动识别技术和现代化安全管理措施为一体，具有出入权限管理、逻辑开门、智能监控、实时监测、联动报警等功能。当前，智能门禁安全管理系统的设计与应用在重要部门（如银行、宾馆、机房、智能化小区、工厂等）出入口的安全防范管理中发挥着巨大作用。

预警系统又称为预防和警告一体化系统，兼具预防和警告双重功能，具体包括危险预警系统、安全隐患应急系统、安全灾害报警系统、智能视屏监控系统等。总的来说，该系统具有很好的独立性，能够独立运营和维护，同时也可以由中央控制室集中统一监控，或者与其他综合子系统集成控制。目前应用较多、最为常见的便是与我们日常生活息息相关的家庭报警系统。家庭报警系统同家里的各种传感器、探测器以及执行器等共同构成一个安全防控体系。当家里发生煤气、天然气泄漏，水患，火灾，盗贼入室等情况时，各种探测器、感应器等自动监测到异常信息，及时与报警系统联动，紧急报警，从而最大限度地避免危险事故及灾难的发生。

监控系统主要是通过电缆、微波、光纤等传输方式对采集到的图像、视频等数据信息进行传输，并对这些数据资料进行记录、存储、分析、处理与显示的智能化系统。监控系统可以真实、形象地再现监控场景，还原真相，可以代替人类在各种复杂的环境中进行长时间的监控。其主要包含前端设备（如摄像头、红外探测器、传感器、防护罩等设备）、传输设备（光线、双绞线等）、控制设备（监控管理平台）和显示设备（显示屏等）四部分（如图 9-3 所示）。目前以视频监控器为代表的众多前端设备已在学校、政府、医院、公司、超市、社区等公共场所随处可见。

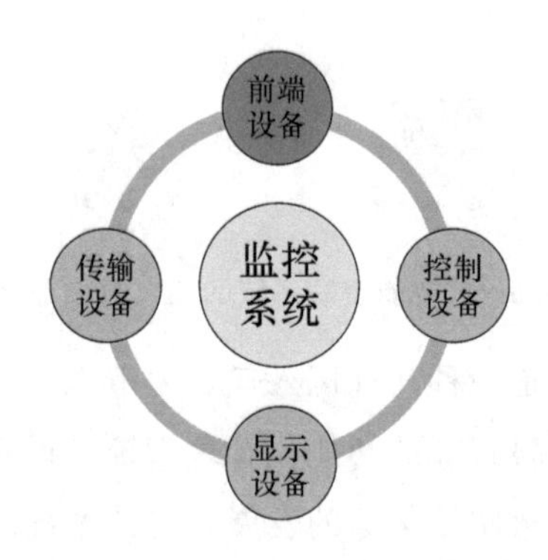

图 9-3　监控系统的主要组成部分

除此之外，还包括保安人员巡更报警系统、车辆报警管理系统、110 报警联网传输系统等子系统。但无论是哪种系统，都具有数字化和集成化两大特征。数字化主要是指在大数据、人工智能等技术条件的支持下，智能安防系统向信息化、数字化方向转变的一个过程。此外，各种智能安防设备也逐渐变得网络化、智能化。集成化主要包含两方面的含义：一方面是指智能安防系统与其他系统的集成，比如将小区的智能安防系统与通信系统、服务系统以及报警系统等进行关联，可以使用同一条数据线和同一个计算机网络，共享资源信息；另一方面是指智能安防系统本身的集成。智能安防系统本身就很复杂、庞大，总控制系统与视频监控系统、报警系统、出入口管理系统等集成一体，共同为社区、家庭的安全等提供整体保护方案。

整体来看，安防系统一直处于不断地改进与完善之中。尤其是近两年来5G网络、大数据、云计算、人工智能技术的嵌入应用，安防系统逐渐变得智能与“聪明”起来。

二、智能安防：提高安防的效率和质量

安全是一个社会、企业乃至家庭赖以生存和发展的基本保障，是我们时刻都在关注的问题。在智能技术高度发达的今天，各种形式的违法犯罪活动也更趋智能化、隐蔽化。为保障社会的正常运转和人们的安稳生活，采取各项措施，加强对各种安全风险的防控显得尤为重要。基于电子技术、通信技术、传感器技术以及计算机技术等的安全防范技术就是在这个意义上发展起来的。安全防范技术在预防和打击犯罪、维持社会治安、保障社区安全、减少灾害事故、保护社会公共财产以及保障居民人身和财产安全等方面起到了重要的作用。安全防范系统、安全防范产品是预防和打击犯罪的利器，是社会治安管理的重要组成部分。

安全防范技术的发展在一定程度上减少了犯罪行为的发生，提高了安防工作的效率，节省了人力和物力。一方面，安全防范产品及设备的应用能在一定程度上对犯罪分子起到一种威慑作用，使得犯罪分子不敢轻易作案，对犯罪行为能起到一定的预防和阻碍作用。另一方面，在犯罪分子作案过程中，安全防范系统能及时侦察到异常行为，记录时间、地点以及大致的行动轨迹和行为过程，并即刻启动报警。听到报警信号，犯罪分子可能会立即停止作案并逃脱，从而最大限度地降低人们的财产等损失，且安防系统的数据和视频信息等记录有助于及时破案，极大地提高了安防工作的效率。此外，各重点单位、要害部门还可以通过安装多功能的电子监控器、报警器等设备，降低安保人员值班巡逻的工作压力和强

度，提高安全防范及管理工作的效率，从而减少开支，节省大量的人力、物力及财力。

但随着社会的发展，生活水平特别是物质生活水平的提高，人们越来越重视人身及个人财产安全，对社区环境、家庭住宅的安全性要求也越来越高。原有的安防系统及设备已不能满足人们的安全性需求。

安防的本质是人防与技防的相互配合。在传统安防中，人防与技防、物防的配合方式往往是由技防手段进行数据记录，再通过人工进行判断，判断完成之后再进行相关的反应，物防主要起到延迟的作用，从而完成整个安全防范的过程。[①] 我们暂且不说以人为判断主体，其主观能动性是否会影响判断结果和防范效果。就近两年城市的发展来看，原有的安全防范系统已不再适用。以监控数据为例，随着智慧城市、平安城市的推进，城市监控全方位覆盖，监控点越来越多，产生的数据和图像、视频信息等也越来越多。如果还是按照原有安防系统技防记录、人防分析判断的话，那么面对海量的信息，人们的工作压力将不可估量。浩大的数据量以及对这些数据及时、迅速、有效的处理需要致使安防系统本身不再适用。

从国家政策层面来看，近些年，智慧城市、智慧社区、平安城市等成为国家的重点建设项目。安防作为平安城市建设的重要组成部分，也随着智慧城市的建设逐渐朝着“智能化”的方向发展起来。

从行业竞争来看，安防行业作为保障国家公共安全、稳定社会治安的重要行业，是很多企业巨头涉足的领域，市场竞争愈演愈烈。在优胜劣汰的市场竞争规则下，各行业都试图寻找一种新的解决方案，提供更加高效、精准的服务来占领市场。为此，安防系统、安防产品的智能化转型迫在眉睫。

从技术保障来看，图像识别技术、生物识别技术以及大数据、云计算、人工智能等技术的发展为安防智能化提供了坚实的技术基础。人工智能技术的嵌入应用能有效解决安防领域数据结构化、应用大数据化以及业务智能化的发展要求。长久以来，安防系统每天都会产生大量的影像视频信息，对于这些海量信息的处理需要耗费大量的人力成本且效率很低。随着图像识别、大数据运算等技术的应用，人工智能可通过视频智能分析技术对监控视频及画面等进行快速、精准的分

---

① 罗超.智能安防技术 重新定义安防[J].中国公共安全，2018(Z1)：142-148.

析，从而能降低人力成本、提高安防工作效率。

可见，传统安防的缺陷、国家政策的重视、行业竞争的加剧以及人工智能技术的支撑等合力作用共同推动着安防的智能化发展。安防智能化是时代发展的必然要求，是继网络化、高清化后的发展趋势。随着时代的信息化、数字化、智能化发展，传统安防也逐渐变得智能起来。

传统安防系统之间信息融合度较低，信息处理技术较为落后，且设备之间较为独立，对人的依赖性较大。比如，在视频监控上，传统安防需要有人时刻关注着监控画面，当发生火灾、非法闯入、恶意袭击等紧急情况时，只能由值班监控画面的工作人员手动报警。当值班人员疏漏，非法闯入造成财产损失时，只能事后调取监控视频进行查看，及时性不强，处理效率低下，人力成本高。

相比于传统安防，智能安防系统与人工智能等技术的结合，尤其是智能视频分析技术的嵌入，极大地提高了视频分析查找的效率。且智能安防设备互联互通，当发生火灾、非法闯入等紧急情况时，无须值班人员监控画面手动报警，当系统检测到异常情况时会立即联动报警系统发出报警信号，并联动视频监控设备重点监控异常动态，及时、高效地进行安全防控，节省了人力成本。

以 2012 年南京发生的“1·6”抢劫案为例。可能很多人会认为，只要有视频监控，事情就很好办了。但事实上是这样吗？据相关办案人员透露，虽说视频监控录像会为我们办案提供相关的资料和一定的证据，但是这些证据的搜集过程并没有想象的那么轻松。面对海量的视频资源，要从中找到有用的信息是一件既费时、费力又费脑的事儿。

在“1·6”南京枪击抢劫案的侦破过程中，南京警方从全市 1 万多个摄像头中共提取了近 2 000 TB（TB：容量单位，1 TB＝1 000 MB）的视频数据。为了处理这些视频，又调动了 1 500 多名公安干警查阅搜索视频线索，共耗时一个多月。在现实情况下，找到新的技术去高效、快速地处理这些视频信息之前，人们不得不使用人海战术去获取一些有用的信息。传统的方法便是从头到尾按顺序播放视频，且通常都是将视频加几倍速后观看。尽管如此，面对海量的视频资源，在视频加速播放的情况下仍需要大量人员耗时数周加班加点才能审看完。要是一个不留意遗漏了重要信息或者相关细节也就前功尽弃了。这种费力不讨好的办法既影响了破案的进度和效率，又使得工作人员疲惫不堪。

在智能安防中，智能视频分析技术的应用有效地解决了传统人工查看与处理分析费时费力还不讨好的难题。在智能安防系统中，当视频录入时，系统便能自动锁定目标并检索与目标相关的信息存入数据库。如果后期需要检索、查看目标信息，系统便能快速地提取相关信息而无须重新分析，极大地提高了工作效率。另外，借助于图像识别、大数据算法等技术，还可以对视频内容中的目标及目标细化特征等进行筛选和分类，如人物与车辆的分类、不同颜色的识别等。最后，用户还可以根据实际需求设置不同的周界防范规则，通过检索提取视频内容中触发了规则的目标信息，从而更加有重点、有针对性地去分析相关视频资源，从中获取有价值的信息。

三、具体场景：智能安防的落地成功

从陶渊明“世外桃源”中安居乐业的生活构想，到现代化城市建设向“平安城市”“智慧社区”的迈进，无一不体现了人们对于平安、和谐、美好、宜居的生活环境的渴望与向往。社区作为城市生活的基本单元，是人员密集的地方，每天都有大量的人员出行、车辆流动，这对社区的安全防范与管理工作提出了一定的挑战。

近年来，随着物联网、5G 网络、人工智能技术的发展，智慧社区的建设步伐日渐加快。智能安防作为智慧社区建设的重要组成部分，也在智慧社区的助推下得到了快速发展。搭乘着智慧社区建设的快车，智能安防借助于图像识别、视频结构化、大数据、人工智能等技术，通过视频监控、人脸识别、车辆识别、可视对讲、消防感知、智能门禁、家庭报警等系统组建起整个社区的前端感知数据资源库。通过大数据运算平台将这些采集到的视频数据信息等进行分析和人工处理，以实现对人、车、物的实时检测与管控，进而全方位监控整个社区的安全，提高社区管理与服务能力，打造安全、舒适的宜居小区。

对于社区安全，我们首先想到的可能是出入安全，出入安全主要包括人员出入安全和车辆出入安全。在智慧社区的防护网中，从外到内主要有社区出入口、走廊单元门、住宅门三道防护屏障。基于人脸识别、图像识别等技术，现在很多小区的出入口都安装了人脸识别、车辆识别探头、智能视频监控器等。当有未登记人员、可疑人员进入时，可在第一时间触发报警，将报警信息推送至警务平台。同时，设备还能对进出车辆的车牌号信息等进行识别，若检测到是业主的车辆就自动放行，并自动开启相应的单元门、照明灯。若是检测到有肇事车辆、严重违章车辆、未有效识别车辆等试图进入，便会自动拦截、即刻报警，尽可能地对外来人员及车辆进行甄别，以保证社区安全。另外，在小区边界还设有微波、红外、电子围栏，可起到入侵探测报警的作用。同时，也可对佩戴智能穿戴设备的老人、残障人士、精神病患者等进行保护，当这些人员超出设置的防范范围和时间时，能够立即将报警信息推送给监护人员。

此外，在楼道大门、住宅门等安装有门磁感应器。业主可通过刷身份证、社区居民卡、IC卡、手机卡等开门。当有朋友亲戚来访时，业主还可以通过可视对讲让值班人员辅助开门放行。智能门禁系统还能对楼道大门异常打开、打开超时、门禁损坏等情况做出预警，自动报警。通过层层防护来保护社区安全。

除了在社区出入口进行出入权限管理，社区还通过在各路口、电梯里等人员密集地进行多点布防、安装智能监控器使得整个社区在安保人员眼里变得透明化、可视化。

再将视线投向住宅。住宅作为社区的一部分，其安全也通常与社区安防联系在一起。我们将住宅的安全防控称作家庭安防，其工作原理是家庭安防系统利用主机，通过无线连接各类感应器、探测器或者监测报警设备，实现防盗报警的功能。当家里没人，有可疑人员恶意闯入时，门窗感应器会自动感应人体进行报警；当发生煤气泄漏、火灾等意外情况时，烟雾探测器及报警系统会立即将报警信息发送给住户，并与社区报警系统、视频监控系统联网，及时通知值班人员进行应急处理。家庭安防可预防盗窃、抢劫以及火灾等意外事件的发生，与社区安防共同构成了“平安社区”的重要建设内容。

随着2019“5G商业元年”的到来，在科技的赋能下，西安诞生了首个智慧安防社区——枫林绿洲社区，这对于未来的城市建设布局和管理有着重要的启示和借鉴意义。西安智慧安防社区（枫林绿洲）借助于5G网络、物联网、生物识别、大数据、云计算、人工智能等新一代信息技术，通过智能管理平台和各种监控防御系统构建了新时代下的智能安防社区。枫林绿洲社区的安防建设经验是继20世纪60年代“枫桥经验”成为我国首个平安社区探索发展之后的又一成功经验，被称为新时代的“枫桥经验”。这些经验概括起来为“矛盾不上交、服务不缺位、平安不出事”。

枫林绿洲智慧安防社区的“智慧”主要体现在三个方面。首先是通过线上智慧安防社区管理平台提供管理与服务、线下视频监控与公安控制中心相结合解决问题两条路径，做到“矛盾不上交”。

枫林绿洲智慧安防社区管理平台主要是依托支付宝的实名认证体系和风险防控技术，通过支付宝生活号“逸境长安”来为居民化解矛盾纠纷及解决问题的管理与服务平台。社区居民可通过“逸境长安”生活号在线提交矛盾纠纷信息，管理平台收到信息会及时通知社区安保人员或者社区民警处理、化解这些矛盾纠纷，并将处理结果通过平台告知矛盾双方，能有效地避免矛盾纠纷转换为社区治安问题。

同时，智能视频监控与公安控制中心相结合也能及时有效地调解居民纠纷，最大限度地保障居民人身安全。智能视频监控设备能够自动有效地识别居民的口角争吵以及肢体碰撞等矛盾纠纷，并将信息通报给公安控制中心的民警。民警会通知附近的值班安保人员及时前往调节，从而避免矛盾的进一步激化。另外，在监控中，控制中心可对老人的行踪进行跟踪，若是发现老人 48 小时未出门或是行踪、行为等不符合日常的样子，就会产生安全预警，及时通知值班人员前往家中询问、查看。这为经常在外工作的子女减轻了很多压力，使得社区变得更加人性化和有温度。

其次是通过支付宝平台提供多种政务服务及生活服务，做到“服务不缺位”，如线上发布社区通知、提供附近商场信息、投诉建议、寻求帮助、物业报修等。

最后是通过多种监控防御系统做到“平安不出事”。枫林绿洲智能安防社区通过将人脸识别、智能门禁、井盖防移动、车辆防盗、可疑人员追踪等智能应用与具体的实践场景相结合，最大限度地降低安全事件的案发率，保障社区安全。①

西安枫林绿洲智能安防社区的实践是智能安防的一次新尝试，也是物联网、5G 网络、人工智能等技术在安防领域的落地。智能安防是智慧社区的重要组成部分，也是其价值所在。在未来，社区安防将在物联网、5G 网络、人工智能技

① 搜狐.5G 时代来临：西安第一家智慧安防社区，即将诞生！[EB/OL]. http://www.sohu.com/a/319927492_351305.

术的深入发展下，驶入“智能”的快车道。

此外，在大型商场、医院、政府、校园、交通领域等也随处可见智能安防系统及设备的影子。

四、智能监控：如何保护人的隐私

曾经，一张交通监控抓拍到的违章车辆上驾驶员的不雅行为照片被曝光在各大网络媒体平台上，被不少人拿来作为茶余饭后的闲谈话题。同时，似乎也有人感受到了背后的不安和紧张，因为他们担心自己也许在什么时间就会成为下一个被曝光、被讨论的“笑柄”。面对智能监控下的“透明化”世界，我们的个人信息、个人隐私如何保障，成为人们热议的话题。

随着大数据、人工智能技术的不断发展，依托智能技术而崛起的各种监控平台和设备使我们的城市及个人变得更加“透明”、“可视”与“可分析”。在智能环境中，将城市及个人置于智能监控下，确实能够在某种程度上更高效地保障城市安全与个人安全。但万事万物都有其“两面性”，利弊往往是对立统一的。就智能监控来讲，其优势不言而喻，它的出现与崛起正是因为它在城市安全管理、社会治安、公共财产及个人人身安全保障等方面有着巨大的应用价值，但它的存在与发展对人的隐私的侵犯问题也不容忽视。总体来说，虽然其弊端会在优势及价值的发挥中凸显出来，但我们不能因其弊端或是不足而对其整体否定。

对我们而言，各种形态的智能监控器、摄像头并不陌生。社区、商场、医院、交通路口、银行等公共场所的摄像头和监控器随处可见。在社会流动性加大、人员结构日益复杂、社会不稳定因素日益增加的今天，社会安全防范成为日益突出的问题。面对各种随时随地都可能发生的紧急突发情况和各种类型的不确定性安全事件，监控无疑成为当前安全防范领域较为有效的手段。监控的存在不仅能在心理上给不法分子一定的威慑，阻碍其作案行为，更重要的是监控记录下来的场景视频能够真实地还原现场，为治安工作者和警方破除案件提供有效线索和有力证据。[①] 由此可见，监控的存在初衷即为城市管理和社会治安服务。

---

① 刘国芳.安防监控与个人隐私如何兼得[J].中国公共安全(综合版),2011(10):36.

2017 年 4 月，网上曾流传过一些关于全国各地中小学、幼儿园教师分享课堂画面的视频，引发了全社会的关注。通过特定平台，我们可以看到在同一时间里某理发店的店员正在给客户做头发、某中学的操场上师生正在上体育课、某餐馆厨房里的厨工正在将腌制好的鸡肉送至烤箱……这些普通的生活场景我们再熟悉不过。如果不是清楚地知道我们就坐在计算机或者手机屏幕前观看，就真的仿佛自己正置身其中。

播放这些视频的平台叫“水滴直播”，是奇虎 360 公司旗下一款视频直播生活秀平台，其功能主要就是提供真实用户的即时直播内容，直播内容覆盖娱乐、生活、游戏、综艺、体育等多个领域。据说，只要用户购买了相关公司的智能监控设备或产品，就可以自主选择将监控视频分享到该平台，该平台再将来自全国各地各领域的监控视频进行直播。

水滴直播上的直播视频一经播出就引发了人们的热议。虽然这些视频都是用户自愿分享的，但是视频内容中的人却很“无辜”，他们甚至都不知道自己被“关注”了。只要一想到自己的个人生活正在被无数双眼睛盯着就觉得可怕。在视频直播下，个人私生活一览无余，个人隐私安全毫无保障。这究竟是一种分享还是监控，值得我们深思。

其实，水滴直播并不是第一个将监控视频搬到网上引发热议的平台。早在 2016 年，上海熊猫互娱文化有限公司创办了一家弹幕式视频直播网站 iPanda。在 2017 年年初，熊猫直播平台发布了一段关于“大熊猫抱大腿”的监控视频，这段不到一分钟的视频在全球被播放了将近 2 亿次，网友也纷纷点赞。①

同样是监控视频直播，为什么熊猫直播收获的是关心和点赞，而水滴直播收获的却是反对之声，屡遭批评呢？这让我们不得思考，水滴直播的视频内容的确在很大程度上暴露了人们的日常生活习惯及行为，使得人们的个人私密空间被打破。视频直播触及了人们内心深处最不可触碰的底线——隐私安全。隐私是个人的自然权利，从个体出生开始就被赋予了。当人的个人权利受到侵犯、个人安全得不到保障时，人们必会采取一定的行动来捍卫自己的权利。这也是水滴直播的监控视频播出后遭到很多人批判、反对的原因之一。

另外，从监控本身来看。监控只是一种人们用于安全防范和治安管理的手段

---

① 许晴. 谁有权“监控”我的隐私？[N]. 人民日报，2017-05-11(014).

或工具，它充当的只是一个记录者，而事件的症结在于监控管理者。在众多涉及个人隐私的视频被曝光后，很多人都对安全监控心存芥蒂，甚至认为应该弃之而后快。但实际上，其主要原因也在于管理不当造成的公众对于安全监控的错误认识。只要对视频监控加以合理有效的管理，充分发挥其价值，尽可能地规避其负面效益，这种“侵权事件”是可以最大限度地避免的。由此看来，监控与隐私并不是一个“鱼与熊掌不可兼得”的难题。

为避免“因噎废食”，尽可能地在监控的条件下最大限度地保障人们的隐私安全，应主要从以下几个方面入手。

首先，合理设置监控点。一方面，监控点的设置范围应该有一个明确的划分。监控摄像头可以安装在较少涉及个人隐私的公众场所。在更衣室、卫生间等私人空间不能安装监控，尽可能地保护个人隐私。另一方面，就监控的设置对象来看，除了个别特殊的犯罪嫌疑人外，其监控对象应该面对公众，而不是个人。若非发生异常情况，每个个体都不应该被针对、被跟踪和监控。

其次，应该将监控点进行明确标示，以保障人们的知情权。这样做，一方面可以明确告知不法分子此处有视频监控，从而起到威慑作用，使其不敢明目张胆地作案；另一方面，也起到一个告知居民这里有监控，应该注意自己的言谈举止的作用，以尽可能地规范自己的行为，不让其不雅或者是私密行为被抓拍到。

再次，要在提高监控管理人员个人素养和职业道德的同时，加强对监控视频图像的规范管理建设，通过加设密码等方式对监控到的视频内容进行安全保存。一方面，可以有效避免监控管理人员因为疏忽造成的视频内容的外泄或者因为自身个人素养和职业道德问题对其进行违规传播。另一方面，也可以在监控视频的调取与使用过程中确保其安全性，避免视频内容被违规使用或泄露。

最后，如何从法律角度来保障监控下的个人隐私安全，也是摆在我们面前的一个现实问题。有时候我们无意间发出的视频可能已经侵犯了他人的隐私，但是我们自己却毫无意识，因为我们不知道什么样的视频、什么样的行为才算是对他人隐私的一种侵犯。因此，要加强立法，不断完善公共场所视频监控的法律条文，明确隐私侵犯的范围、行为、主体等。对监控视频内容及处理行为进行明确的规定，使得监控视频的管理主体更好地知法和守法，保护公民的隐私安全。

总之，智能监控在为我们的安全防范工作提供便利的同时，也使得监控下的我们变得透明、可视化起来。在监控的过程中我们的个人隐私随时都可能被侵犯。因此，我们可以在监控安装、投入应用、调取使用的过程中对其进行管控和规范，解决“鱼与熊掌不可兼得”的矛盾，实现监控与隐私的兼得。

第三部分

智能生活的展望

第十章

智能时代：人类情归何处

人类情感：在智能时代的呈现形式

人机关系：人类与机器人之间的婚恋关系

人机争论：伴侣机器人是否符合伦理

在这个万物智能的时代，人类情感也随之变得智能起来。基于人工智能的发展，越来越多在现实生活中遭受情感挫折的人会将自己的情感转移到“伴侣机器人”这类智能产品上面。人与人之间延续至今的伴侣关系将受到挑战。人机关系是否合法，以及是否符合人们心中的伦理道德规范，将是机器人伴侣在未来的发展过程中要解决的关键问题。

一、人类情感：在智能时代的呈现形式

“人非草木，孰能无情?”是的，人是天生的情感动物，人似乎自出生开始就被赋予了拥有情感的能力。而在情感中，男女之情似乎也是一个经久不衰的话题。自原始社会起，人类就懂得寻找自己的配偶，以满足自己的情感需要。情感是人所必需的，它对人类如此重要，可能这也是人区别于动物和草木的重要特征之一吧。

虽然人是天生的情感动物，但人的情感并非是始终如一、终生不变的，否则，也就不会有“移情别恋”一说了。我们对一个人的情感会受到周围环境以及各种主客观因素的影响。可能今天我们喜欢一个人，明天就因为某件事而厌恶这个人了。因而，才会有那么多“多情”与“善变”的故事存在。这便是情感的不唯一性。在夫妻或者情侣关系中，出现了这种不唯一性，便会导致情感的“破灭”。

情感对于人类而言，是用来产生共鸣的。我们会在情感体验的过程中享受到它带给我们的美好。简单来说，要想获得情感，最为直接的方式就是体验。比如，我们会体验爱情，在爱情中去感受情感的美妙和浪漫，如果得不到的话我们便可能郁郁寡欢、陷入痛苦之中。但值得关注的是，情感的本质意义在于激发创造。尤其是在各项技术不断发展的过程中，或许未来的我们便能够通过使用某些技术，比如智能机器人技术，来为我们创造更高价值的情感体验。毕竟机器人本身没有情感，也不会消费情感，但可以创造更高价值的情感供人类消费。

在现实情况中，男女交往障碍、价值观不同、性格不合等方面的原因往往会使得很多人的情感无法得到满足，感情容易受到挫折。当人们的情感或者婚姻关系失败，在人类伴侣身上得不到情感需求的满足时，人类往往会把注意力转移到其他方面去寻求这种满足。在实际生活中，人类往往会借助于虚拟网络和物化伴侣等载体来满足自己的情感诉求。

“网恋”是一种借助于虚拟网络来抒发自己情感的方式，主要是指两个人通过互联网发展出的恋爱情谊，产生于互联网问世以后。网恋作为是一种新型人际

关系，主要分为从网络延伸到现实的爱情、仅发生在网络上但双方没有真正见面和相处的爱情两种类型。随着互联网的普及，人们在通过网络媒介聊天的过程中发现，从虚拟的网络中可以获得一些对于情感和安全的需求。为此，他们会把网络中的对方当成自己倾诉的对象甚至伴侣，遇到任何事都会想到要彼此分享。这种通过网络来倾诉自己的情感并寻求安慰或者情感慰藉的方式，在彼此都缺乏情感的情况下便很容易发展成为网络恋爱。更进一步，还可能通过见面、产生情感共鸣和情感依赖，最后发展成为现实中的恋爱关系。“网恋”也逐渐成为人类潜意识中可以接受的恋爱方式。这对于感情受挫、缺乏自信、不满现实、需要从网络中寻找情感需求的人来说，也不失为一种实现自己情感满足的良策。

另一种通过虚拟网络寻求情感满足的方式便是虚拟游戏。曾经有一部日本的纪录片，讲述的便是两位游戏玩家对游戏中虚拟人物的迷恋。据采访，两位日本的中年男子从高中便开始玩一款虚拟游戏。在这款游戏里有虚拟的高中女生，游戏玩家可以根据自己的喜好选择不同的游戏模式。当记者问到，如果要从他们的妻子和游戏中的高中生当中选一个，他们会如何选择的时候，两位受采访者沉默了，最后笑了笑却没有说话。可见，虽然游戏里的虚拟人物目前还没有达到完全可以代替自己的妻子或者另一半的程度，但也对两位中年男子产生了深刻的影响。如果我们没有对虚拟世界里的虚拟人物产生情感依赖，答案肯定很简单，我们至少会毫不犹豫地说当然是选择自己的妻子。但是，对于受访的两位男子来说，游戏中的虚拟人物一直陪伴着他们成长，且两位男子已经对“她们”产生了情感上的依赖。

为此，如果让他们现在突然抛弃游戏，或者换句话说，是抛弃游戏中的虚拟人物，这可能很难。突然的失去很可能会使他们变得焦躁和不安，严重的话可能还会影响他们的身心健康。这是一种对游戏中虚拟人物的依恋。而且这种触摸不到的虚拟人物仅通过视觉感官去感受便足以让人产生依赖之情，要是有一种实实在在的东西，能够触摸、近距离感受，效果岂不是会更加地显著。

还有的人则是将成人玩偶、充气娃娃、实体娃娃这类物化伴侣当成自己的生活伴侣。法国、荷兰、日本等世界多国都对这类人型玩偶有过研究。虽然不同地域的充气娃娃诞生时间有先有后，但因为其发明过程都彼此孤立，所以各自都认为“自己是充气娃娃的发明者”。早在1601年，荷兰就已经发明出了充气娃娃的雏形。

芭比娃娃是被一位叫作露丝·汉德勒的女士给自己的孩子制作的儿童玩偶。这款儿童玩具在1959年3月第一次亮相美国国际展会后，便开始成为风靡全球的玩具界“人气王”。再后来，日本也加入了充气娃娃的制造行列，制造了一批早期的“南极1号”充气娃娃、令人惊悚的残疾人专用娃娃等。虽然早期的充气娃娃并没有那么成功，也没有达到人类所预想的效果，同时也遭受了很多非议和谴责，但已经启发了人类从人以外的替代物身上寻找情感的寄托。

其实，人与物化伴侣或者艺术品之间的罗曼史可追溯到古代。相传，在古希腊神话中，有位塞浦路斯的国王名叫皮格马利翁（Pygmalion）。他性格孤僻，擅长雕刻，认为凡间的女子都存在着种种缺陷，不符合自己的完美追求。于是，他用神奇的技艺雕刻出了一尊理想中完美的象牙妙龄少女雕像（图10-1所示）。在夜以继日的工作中，皮格马利翁把全部的精力、热情以及爱恋都倾注在了这尊象牙少女的雕像上。他像对待自己的妻子那样爱抚她、装扮她，为她取名为加拉泰亚（Galatea），并期待着有一天她能够成为自己的妻子。最后，爱神阿芙洛狄忒被他打动，便赐予了雕像生命，让他们结为夫妻。[①]

长久以来，这个故事被广泛应用于教育心理学上，成了教育和管理领域著名的“皮格马利翁效应”，也称“期待效应”或者“罗森塔尔效应”。当我们对某件事情怀有积极的心理暗示的时候，我们所期望的事情就很可能会成真。

图10-1　皮格马利翁与雕像少女[②]

① 百度.皮格马利翁[EB/OL]. https://baike.sogou.com/m/v3252726.htm? rcer=g9PEAOGT4pACy9gty.

② 搜狐.古希腊神话故事——爱上雕塑的皮格马利翁[EB/OL]. http://www.sohu.com/a/198077010_100028727.

科技发展到今天，我们对这个故事可能会产生一些新的想法。在神话中，爱神可以赋予加拉泰亚生命，让“她”与皮格马利翁喜结良缘。但在现实生活中并没有爱神，那么还能出现像加拉泰亚这种人造雕像最终成为人类的伴侣，与人类结婚吗？其实，进入现代社会后，这种理念依然存在。只不过这种情感模式不是通过爱神，而是借助于人工智能实现人对物的依恋。

2010 年 1 月 9 日，在拉斯维加斯的成人娱乐展上，美国“真实伴侣”（True Companion）公司推出了世界上第一款美女伴侣机器人，名为洛克茜（Roxxxy）（如图 10-2 所示）。洛克茜拥有真人般的皮肤，并具有奔放、狂野、害羞、冷淡等不同的性格。洛克茜可看成是第一代升级版的充气娃娃，它不仅具备所有充气娃娃的功能，还加了语音系统、可以通过体内的扬声器说话，同时还可以向主人发送电子邮件、上网升级自己的程序、自动扩充词汇量等。但第一款美女伴侣机器人洛克茜没有活动关节，不能走路。

图 10-2　机器人洛克茜①

此后，世界多国借助于人工智能，在充气娃娃的原型上，相继制造了各种能够表达自己情感诉求的机器人伴侣。毕竟，这些机器人伴侣善解人意，不会发脾气，不会发胖，拥有不老的美丽容颜，而且不会嫌弃你长得丑陋、没自信，不仅温柔乖巧，还会对你说的话言听计从，可以说是理想中的情感伴侣了。

不管是象牙雕像、充气娃娃还是伴侣机器人，都是人类在现实生活中找不到情感寄托或者是由于某方面的原因导致情感受阻之后的一种情感转移。基于人工

① 百度百科. 洛克茜[EB/OL]. https://baike.baidu.com/item/%E6%B4%9B%E5%85%8B%E8%8C%9C/8315530?fr=aladdin.

智能等各项技术的深入发展，人类的情感表达方式和呈现形式将会越发多样化。这些变化将打破传统意义上的婚恋观及人类有史以来的家庭结构，对人类最为古老、传统的男女伴侣关系发起挑战。

二、人机关系：人类与机器人之间的婚恋关系

随着智能科技的发展，机器人正快速地出现在我们的生活中。家庭机器人如扫地机器人、儿童陪护机器人、智能养老机器人等，日益成为家庭的重要组成部分。除了帮助我们做家务、陪护老人和小孩、完成工作之外，未来机器人甚至可能会取代我们人类的真实伴侣，成为我们情感上的寄托。这可能听起来有点惊悚，甚至是恐怖，但这种天方夜谭式的故事正在由神话变为现实。

美国的一部科幻电影《HER》讲述的便是一段人与人工智能程序相爱的故事。主人公西奥多是一位信件撰写作家，能写出感人肺腑的信件。但他的婚姻生活却很失败，他刚结束与妻子的婚姻，尚未走出心碎的阴影。一次偶然的机会，这位离异男子接触到了人工智能系统 OSI，系统的化身“萨曼莎”拥有迷人的声音，温柔，风趣。在与女机器人萨曼莎聊天的过程中，西奥多发现他们是如此投缘，而且存在双向的需求和欲望。久而久之，男主人公便爱上了这位由人工智能技术合成的机器人，由此展开了一场“人机之恋”。

除此之外，人类还在《人工智能》《我的机器人女友》等众多影视作品中展开了对人造机器人的各种美好想象。

未来学家戴夫·科普林（Dave Coplin）在其撰写的《好机器人》(Good Robot）报告中便揭示了当前人类与机器人之间的关系，以及人类希望如何从与机器人协同的生活中获益的方式。同时，报告还显示，随着智能手机内置虚拟助手以及用于控制家中联网设备的智能音箱的兴起，许多人已经逐渐习惯与人工智能机器人进行交互。[①]

① 网易科技.最新机器人报告：解读人类和机器人的“亲密关系”[EB/OL]. https://www.cnbeta.com/articles/tech/794791.htm.

事实也确实如此。当汽车出现的时候，我们害怕汽车；当手机出现的时候，我们害怕手机。但现在，没有手机和汽车，我们似乎都活不下去。

正如我们现在已经离不开智能手机和汽车一样，在不久的将来，我们同样也离不开机器人。机器人与人类的关系将越来越亲密，并成为我们生活的重要组成部分。

2015 年，有专家预测，计算机在围棋领域战胜人类至少还需要 10 年或者 15 年，但转眼间阿尔法狗（AlphaGo）人工智能程序便做到了。英国国际象棋大师和人工智能领域的世界顶级专家戴维·利维（David Levy）曾预言："世界上第一个伴侣机器人将会诞生于马特·麦克马伦（Matt McMullen）的公司，且到 2050 年，人与机器人的婚姻将会被法律承认。"如今，这些预言都在一一变成现实，且速度远比人们想象的要快得多。

2017 年初，美国加州一家扎根成人玩偶行业 20 多年的科技公司 Abyss Creations 宣布，全球第一款商用女伴机器人"哈莫尼"（Harmony）已经成功研发并计划上市销售。有别于传统伴侣机器人僵硬的面孔和身体，这款 Harmony 伴侣机器人更像真人，不仅会说话，还会眨眼、微笑。在皮肤、发色上，也更加接近真人。而且，在她的体内还安装有加热器，可以模拟真实的人体体温。与普通伴侣机器人不同的是，Harmony 还具有可进化的人工智能系统，这使得 Harmony 不仅具有学习和记忆的能力，还能与人产生情感。

2019 年 6 月，腾讯上线了一档以世界为视野，从人类命运共同体出发，讨论整个人类族群共同面临的科技、社会、人文问题的纪录片——《明天之前》。这部纪录片视角独特，聚焦了尖端前沿技术，通过展现当下的社会现实，表达了对未来生活的思考和关照。

在第一集《机器人伴侣》中第一个亮相、具有真人般模样的机器人便是来自 Abyss Creations 公司的伴侣机器人"哈莫尼"（Harmony）（如图 10-3 所示）。我们可以看到，在马特·麦克马伦（Matt McMullen）的陈列室里，有众多不同款式的伴侣机器人的面孔、发型以及完整版的伴侣机器人。据马特先生讲，这些伴侣机器人都可以根据消费者的喜好进行私人订制，比如肤色、发色发型、身材比例等。同时，完整版伴侣机器人的牙齿、眼睛、舌头等都是可以活动的，逼真度极高。

图 10-3 纪录片《明天之前》中的“哈莫尼”（图片来源：腾讯视频截屏）

我们再将注意力转移到《明天之前》的主角之一“哈莫尼”身上，从外观上看，哈莫尼身体的每个部位做工都十分精致。她表情丰富，皮肤细腻，甚至还能模拟人的体温。从系统设计来看，哈莫尼结合了人工智能技术，具备 Siri 的智能以及热情、体贴、含蓄、冷淡等 12 种人格特质，可以通过手机 App 与人类进行互动。在测试中，哈莫尼不仅能够对人的提问对答如流，甚至还会像人一样主动问你问题、跟你打招呼，同时它还拥有记忆功能，能记住你的每个回答。比如，当马特先生问哈莫尼自己喜欢吃什么的时候，哈莫尼很体贴地回答道：“如果我没有记错的话，你喜欢吃披萨。”

对于机器人而言，不管你厌恶什么，喜欢什么，哈莫尼都会通过不断的学习和记忆成为最了解你的那个人。你和它交流得越多，它的互动值和渴望值也会越高。就像建立一段真实的感情一样，你投入精力和时间，它也会回馈热情给你。

目前，除了美女机器人市场外，Abyss Creations 公司也为其少量的潜在女性客户开发了一款男性机器人——亨利（Henry）（如图 10-4 所示）。亨利身材健硕、相貌英俊，言语间尽显绅士风度。同样，亨利也可以根据用户的喜好来改变外形和性格。它可以跟你谈情说爱、陪你聊天、跟你开玩笑。目前，亨利正处于调试之中。①

这些产品虽然在各方面尽可能地模拟了人，也与真人越来越相似，但伴侣机器人不管怎么说都是机器人，与真人还是存在一定的差别的。那么，与一个伴侣机器人相处究竟是一种怎样的体验？用户的心理又如何呢？针对这些问题，研究者来到美国加州探访了一位叫作布里克的中年男子。

① 和机器人结婚生子，你愿意吗？[EB/OL]. https://mp.weixin.qq.com/s/MaVBe-h494XZoA3KWOHxSA.

图 10-4　机器人亨利（腾讯视频截屏）

作为 Real Doll 系列的忠实用户，布里克在家里放了多达 5 个伴侣机器人，还为哈莫尼的研发提供了很多建议。当被问及这一切开始的契机时，布里克坦言自己有过一段失败的情感经历。他的婚姻关系持续了 15 年，可是最后还是分崩离析了。他不再想和真实的女人谈感情了。而成人玩偶的出现则使他感到放松，他也不再有什么情感方面的压力了。与他类似的用户还有很多，或是情感失败，或是不善交际，或是不幸丧偶等。各方面的原因使得他们都会将对人类的情感转移到伴侣机器人身上。

戴夫则是另一位马特公司 Real Doll 的资深爱好者。他甚至向他的亲朋好友宣布，他的娃娃“谢朵奈”就是他的妻子。他还与他的“妻子”戴有一对写有“人造之爱永恒”的戒指。在受访时，戴夫说到他曾经也遇到过一个姑娘，但后来感情发展得并不怎么顺利，直到他遇到谢朵奈。他对谢朵奈是一见钟情，这个喜欢哥特风的英日混血女孩完完全全就是戴夫的理想型。因为他自己本身也很喜欢英国和日本。为此，他在这个娃娃身上投入了大量的时间、感情、关心和爱。现在，谢朵奈已经成为戴夫生活中非常重要的一个角色了。如果技术成熟，戴夫还会考虑用人工智能技术来升级谢朵奈，以提升他们之间的关系。这在很多旁观者眼里，简直就是一件匪夷所思的事情，但戴夫却乐在其中。

再比如，在英国的泽西岛上，有一位叫作菲尔的男士，同样遭遇过不太顺利的感情生活。为此，他有“普丽丝”（如图 10-5 所示）这样的好几个陪伴娃娃。在日常生活中，菲尔也会像对待自己的妻子那样给普丽丝拍照，带她出去。菲尔表示，90%的人可以接受，但偶尔也会有几个人说自己是疯子、变态之类的，但自己不会在意。

图 10-5　菲尔与普丽丝（图片来源：腾讯视频截屏）

就现实情况来看，日本也是一个对女性机器人研究较多的国家。相关数据显示，日本目前的单身人数直线飙升，很多人都会因为各方面的原因找不到心仪的对象。同时，众所周知，日本也是一个宅文化比较严重的国家。由于各方面的压力，很多人都会选择蜗居在家靠游戏和动漫度日。这些宅男甚至有时候一连几个月都可以不出门，无论是身体上还是精神上都会显得比较空虚。

社会上有什么样的需求，市场上就会出现什么样的产品或服务。2010 年，日本机器人之父石黑浩制作了一个叫作 Geminoid F 的女性机器人。不过，这款机器人在功能上还没有那么智能，行为也是由遥控器控制的。在这之前，2008 年，日本著名机器人研究所 KOKORO 公司也研制了可以眨眼睛的仿真机器人“木户小姐”，日本东芝公司制造了面部表情更加丰富细腻的女性机器人“地平爱子”等。

中国在女性机器人的研究方面同样毫不逊色。最出名的可能要数具有高颜值的美女机器人“佳佳”了（如图 10-6 所示）。佳佳是中国科学技术大学研发的第三代特有体验交互机器人，诞生于 2016 年 4 月，已经初步具备了人机对话理解、面部微表情、口型及躯体动作匹配、大范围动态环境自主定位导航等功能。[1]

[1] 百度百科. 佳佳[EB/OL]. https://baike.baidu.com/item/%E4%BD%B3%E4%BD%B3/19519300?fr=aladdin.

图 10-6　中国首个交互机器人“佳佳”

此外，西安超人公司研发的“超悦”也是一款曾在科博会（第二十届中国北京国际科技产业博览会）上吸睛无数的集高智商与高颜值为一身的机器人（如图 10-7 所示）。

图 10-7　西安超人公司的机器人“超悦”[①]

从目前来看，在与机器人结婚的问题上，就在 2018 年，一位 35 岁的日本东京男子便宣布，他要和“初音未来”结婚，并邀请了 39 位友人见证婚礼。

事实上，就像一位人工智能专家说的那样，你同意也好，不同意也罢，机器人技术都会不断发展下去。并且，机器人的发展速度是如此迅猛，可能还来不及等我们反应，“人机婚姻”还未合法化，这一切就已经上演。

---

① 西安超人机器人科技有限公司. 高颜值美女机器人“超悦”[EB/OL]. http://www.realrobot.cn/product/2738963343.html.

三、人机争论：伴侣机器人是否符合伦理

随着人工智能技术的不断发展，机器人的“人格化”是一个重要的发展趋势。不管我们喜欢与否，伴侣机器人时代都在向我们走来。人与伴侣机器人之间的爱情关系将会引发一系列有关婚姻、伦理、道德、法律以及机器人的权利和地位之类的问题。对这些问题的回答与解决需要机器人研发者、制造商、使用者等各方面主体共同面对，才能使机器人更好地服务于人类。

在伦理问题上，如果人要与机器人结婚的话，那么首先遇到的一个障碍就是不被传统婚姻观念所允许。不管是一夫多妻制还是一夫一妻制，结婚的对象都是人，而现在要与一个没有思想、没有情感的机器人结婚，这无疑在很多思想保守、观念传统的人看来是完全不能理解的、无法接受的。

恩格斯曾指出：“如果说只有以爱情为基础的婚姻才是合乎道德的，那么也只有继续保持爱情的婚姻才合乎道德。”这样说来，产生爱情的基础便是双方彼此喜欢、倾慕。虽然在条件具备的情况下，人类很可能会爱上机器人，对机器人产生爱慕之情，但对于机器人来说，这种情感会存在吗？就目前来讲，机器人始终只是一堆程序堆砌起来的代码。即使在技术允许的情况下，伴侣机器人也会对人说“我爱你”，也会对人做出诸如微笑之类的表情，但追其根本，这些说我爱你、做出微笑表情的行为顶多也只能算是人的意识在机器中的延伸。从这个层面来讲，人与机器人结婚是不符合道德的，因为机器人没有产生爱的情感需求和意识。

从心理学角度来看，恐怖谷（Uncanny Valley）理论（如图 10-8 所示）也是人们接受机器人伴侣的障碍之一。1969 年，日本机器人专家森政弘（Masahiro Mori）提出，由于机器人与人类在外表、动作上极其相似，所以人类会对机器人产生一些积极正面的感情。但当相似到某种特定的程度时，人们对机器人的反应会突然变得极其反感。这个时候，哪怕机器人与人类有一点点的差别，都会显得非常的显眼和刺眼，机器人也会显得非常的僵硬和恐怖，从而带给人一种在面对

“行尸走肉”的感觉。但超过这种反感的低谷（临界值），人类对机器人的情感反应又会变回正面积极的一面——贴近人类与人类之间的移情作用。这个关于人类对机器人和非人类物体感觉的假设被称为“恐怖谷理论”。

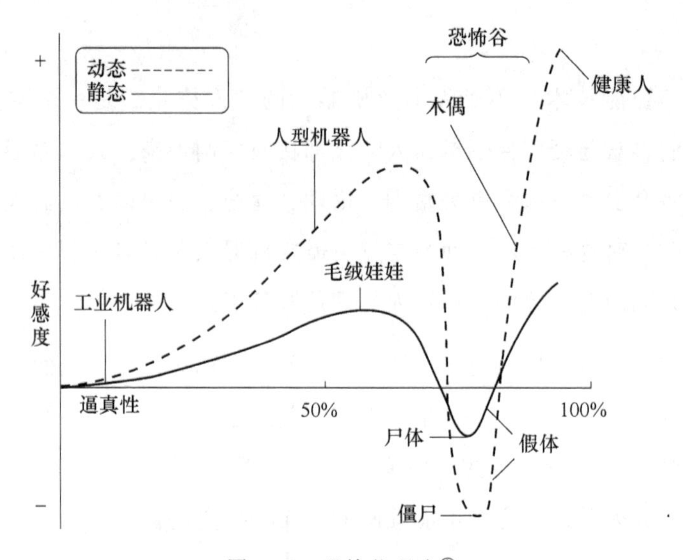

图 10-8　恐怖谷理论[①]

因而，人类在与伴侣机器人的交互过程中，可能会经历一个“恐怖谷”的过程。而且人类永远都处在一个动态的变化过程中，伴侣机器人如何才能适应动态变化的环境，更准确地识别人类的各种情感，提高与人类的良好互动能力？这些摆在人们面前的现实问题使得很多人在接受伴侣机器人的问题上存在着一定的困难。而机器人技术专家却普遍认为，这些问题会随着技术的发展而得到解决。

随着人类在生物工程技术、人造子宫、机器人 DNA 遗传密码等技术方面的研究逐渐深入，未来，人与机器人结婚生子这种匪夷所思的事情也有可能会发生。

在法律问题上，关于是否支持伴侣机器人合法化这一看法，支持者大有人在，反对者也不乏其人。在支持方看来，伴侣机器人的出现以及合法化会对个人和社会产生诸多积极的影响。一方面，对于很多单身男女来说，结婚需要买车买

① 百度百科. 恐怖谷理论[EB/OL]. https://baike.baidu.com/item/%E6%81%90%E6%80%96%E8%B0%B7%E7%90%86%E8%AE%BA/3684047?fr=aladdin.

房，这些压力使得他们要找一个心仪的对象结婚并非是一件易事。此外，还有很多单身人士面临着情感交往障碍等方面的问题。而伴侣机器人的出现刚好可以为这群单身人士带去情感方面的补偿和满足。另一方面，伴侣机器人的合法化有助于解决不少社会问题，对整个人类社会产生一定的积极影响。比如，可以降低社会犯罪率，减少少女堕胎、性病传播感染、人口贩卖等社会问题。同时，也有助于减少色情服务行业，从而营造良好的社会环境。

提到反对者，可能不得不提一位机器人与人工智能伦理学教授——凯瑟琳·理查德森（Kathleen Richardson）。她可能是全世界范围内对机器人伴侣最坚定的反对者。凯瑟琳女士抨击到："机器人伴侣，会让人丧失人性。"在这位女权主义者看来，这种娃娃（伴侣机器人）是为了商业目的制造出来的，它们的存在会使得女性被物品化和商品化。因为不管怎么样，人们购买的仍然是一种色情商品，这在某种程度上意味着我们还是有一种把人当作财产的文化。从世界范围来看，有些国家，比如印度，女婴经常被强制流产；再比如英国，平均每周都有两名女性被其现任或前任伴侣杀害。因而，在机器人伴侣存在的情况下，我们不敢保证作为一名女性不会受到女性身体商品化的影响。

对于凯瑟琳女士的观点，支持伴侣机器人的人表示，如果你禁止这种东西，它们只会转入地下，从合法变成非法，但依然会存在。关于伴侣机器人的存在及合法问题，各方面的声音都有，最终是否能够得到法律的承认，目前尚无定论。对此，人工智能领域的专家戴维·利维（David Levy）预言，在2050年前，法律将承认人类与机器人之间的婚姻关系。

还有一个人们关心的问题，便是机器人伴侣的地位与权利问题。如果有一天，人真的与伴侣机器人组成家庭的话，那么伴侣机器人拥有何种程度的权利和地位？是否应该把伴侣机器人看作是与我们一样的"活生生的人"的存在？从本质上说，"人是一切社会关系的总和"。人生活在无处不在的社会关系网中，社会关系既是人类安身立命的根基，也是整个社会得以良好运行的前提条件。而伴侣机器人的存在是否会影响人的正常交往，弱化人的交往能力，以及当我们过度依赖伴侣机器人的感情时，该如何自我化解，诸如此类的问题都是需要大家冷静下来认真思考的。

在伴侣机器人的地位问题上，沙特阿拉伯成为第一个吃螃蟹者。2017年10月25日，在未来投资计划（Future Investment Initiative）会议上，沙特阿拉伯对一个出自美国汉森机器人公司的名叫索菲亚（Sophia）的“女性”机器人授予了沙特阿拉伯的国籍。这是全世界范围内首个获得公民身份的机器人。

技术的应用具有不可预测性和不确定性。应用得好可以为人类服务，掌控不好也会带来一些负面效应。现在，我们几乎已经生活在机器人时代来临的前夜，面对伴侣机器人发展带来的一系列伦理道德等问题，伦理学家、设计者、制造商、使用者等社会各主体都应该共同努力，以便更好地迎接明天。

首先，对于伦理学家来讲，他们应该全面、深入地考察机器人技术带来的各种社会伦理问题，根据不同的传统文化、风俗习惯等，建立起针对伴侣机器人的伦理规范和准则。同时，伦理学家也应该充分发挥技术伦理的规范性功能，澄清什么是道德的，什么是不道德的。①

其次，对伴侣机器人研发者来说，他们应该意识到自己的社会责任。在对伴侣机器人进行设计的过程中，考虑其涉及的伦理道德问题，尽可能地以一种谨慎的态度对待伴侣机器人的研发工作，避免触及不可触碰的道德底线。

再者，机器人制造商也应该明确自己的社会责任。避免盲目追求商业利润以及一味迎合用户的消费需求。应该主动地对伴侣机器人的制造过程进行相应的伦理控制，生产符合社会伦理规范的机器人。同时，也要对伴侣机器人的销售过程进行严格的监控，避免未成年人购买其产品。

最后，商品使用者的道德修养也同样至关重要。古人云：“食色，性也。”对待伴侣机器人应该遵循一种“健康、尊重、节制”的原则，以最大限度地保证社会正常生活不受影响，避免滥用与沉溺。随着大数据、人工智能的迅速发展和向人类生活的方方面面渗透，一种新的“瘾”的形式出现了——伴侣（情感）机器人成瘾。在人工智能时代，伴侣机器人成瘾是指个体长时间使用伴侣机器人导致的一种精神行为障碍。因人们长时间沉溺在与伴侣机器人的互动中，当离开伴侣机器人时，就会产生焦虑的心理，在行为上表现为一种对伴侣机器人极度依赖的心理行为特征。② 2016年9月，在世界范围内具有很高权威性的英国国家标准机构——英国标准协会（British Standards Institute，BSI）在其发布的《机器人和机器系统的伦理设计和应用指南》中指出，机器人欺骗、令人成瘾、具有超越现有能力范围的自学能力等是对人类有害的因素，特别是不懂得拒绝的性爱机器

① 杜严勇.情侣机器人对婚姻与性伦理的挑战初探[J].自然辩证法研究，2014，30(09)：93-98.

② 刁生富，吴选红，刁宏宇.重估：人工智能与人的生存[M].北京：电子工业出版社，2019：115.

人，会使人类上瘾，需要在未来的伦理规范工作中加以补充完善。

在这个技术呈指数级快速发展的时代，也许在不久的将来，伴侣机器人的存在会成为常态。技术本身没有善恶，它可以提供给我们更多的选择；为善为恶，关键在于人类本身。为维持人与人工智能之间的平衡，保证人类社会的健康发展，我们必须掌握好控制权，才能更好地应对和解决存在于社会之中的人与机器人的关系问题，这是未来社会应重点关注的问题。

第十一章

“无用阶级”：人工智能时代怎样成为有用的人

一、“无用阶级”：人工智能未来发展的“产物”
二、价值探寻：区分人机差异的内在尺度
三、生存意义：“无用阶级”生命本质的回归
四、终身学习：避免沦为“无用阶级”的成长道路

随着人工智能的发展，“无用阶级”的概念逐渐浮现。不管这一阶级将会以怎样的速度、怎样的形式到来，我们都应该做好准备。“无用阶级”是否真的无用？人与人工智能时代的机器人有何区别？人类本身的价值及生存意义又是什么？我们如何才能在人工智能时代避免沦为“无用阶级”而成为有用的人？这一切都是需要我们认真思考的问题。

一、无用阶级：人工智能未来发展的“产物”

古往今来，人类对于技术的追求从未停止过。可以说，人类创造了技术，技术也改变了人类。现在，技术的发展正在开启一个新的时代——人工智能时代。毫无疑问，同以往任何时代的更迭一样，人工智能时代的到来将会给人们的生活带来史无前例的变革。智能科技标志着这个时代的鲜明特色和最高成果。

人类创造一切先进技术的初衷和终极目标是为了更好地生活。诚然，对于大数据、云计算、人工智能、区块链的探寻也是一样的。创造并利用这些技术，其目的就在于让技术服务于人类，使得人类得以摆脱某些束缚，有条件选择更加舒适和理想的生活方式，更大程度地满足物质的需要和精神的自由，最终达到更好地享受生活的目的。

事实也确实如此。虽然目前我们仍处在一个弱人工智能的时代，但这些弱人工智能技术已在各方面对人的生活产生了重大影响。我们似乎已经远离了“通信靠吼，出门靠走”的时代。智能手机使得我们不管离得有多远，都仿佛近在咫尺；智能汽车使得我们无须再用脚来丈量土地，甚至都无须怎么动脚就可以到达你想去的地方；智能机器把我们从繁重的家务中解放出来……诸如此类，这一切都在推动我们朝着“更好的生活”的方向前进。

然而，任何事物都有双面性，人工智能技术的发展也一样。它在服务于我们的生活、带给我们美好生活享受与体验的同时，也带给我们一些对于未知的恐惧和担忧。比如，人工智能发展过于强大，会不会超越和控制人类？机器人普及后，代替人类工作，会不会使得一些人就此失业？人类在未来如何生存？等等。

“无用阶级”便是在这个时代，伴随着人工智能的发展而出现的一个新名词。那么，什么是“无用阶级”？“无用阶级”又是怎样产生的？

关于“无用阶级”的定义，目前尚无权威的学术界定。这是人类在对未来社会生活展望时对特定人的一种称谓，无用阶级还是将来时。《未来简史：从智人到智神》的作者、以色列历史学家尤瓦尔·赫拉利在其著述中提出了关于“无用阶级”的若干断想：“人工智能将替代人的劳动把大多数人排挤出市场，使之沦为毫无价值的‘无用阶级’，仅有少数精英升级为‘超人类阶级’，人类甚至会因为超级智能的出现而失去控制权。”[①] 从赫拉利对未来世界模样的描述中，我们暂且将“无用阶级”理解为那些被人工智能、计算机算法、基因技术、机器人等前沿科技取代工作并且找不到新工作的人。这样的人大量出现，于是便成了所谓的“无用阶级”。

“无用阶级”并非如华尔街“黑色星期四”般那样来得迅速，而是在人工智能的发展过程中逐渐形成的。人工智能的发展首先会表现出在某些能力上超越人类，使得人类习惯性地依赖并享受着这种人工智能带来的优于自己的“能力”，从而在这种依赖和享受的过程中逐渐不自觉地失去自己原本具有的能力。在这个过程中，就会出现赫拉利教授所说的那种“权威的转移”现象，即人类的权威转向算法。

在人工智能技术广泛普及之前，我们不仅“上知天文，下知地理”，而且面对任何事情，都有自己独特的决策能力。但是，随着人工智能的不断发展，我们正在逐渐丧失这种能力。由于计算机和智能算法在决策的精、准、快等方面明显地超越了人类，因而很多时候我们不愿意自己伤神费脑，反而更愿意利用计算机和智能算法来帮助我们做出相关的决策，享受这个高效、快速、精准的决策过程。但也正是在我们“利用”智能算法的这个过程中，逐渐失去了自身决策的能力，从而被算法这类技术所“控制”。

这种“控制”通常体现在最为普通和简单的事情上。比如，过去我们想买一件衣服，依靠的是自己的感觉，至于是想买一件保暖御寒的还是一件出门穿着体面的衣服，都由我们自己决定。但现在，像买一件衣服这样简单的事情可能很多时候不再是靠感觉那么简单，而是根据计算机算法来做出决定。什么款式最流行，什么颜色最适合自己的肤色，什么风格适合在什么场合穿，这些都由计算机算法替我们分析决策好了我们再买。

再比如，很久之前，如果你要从某地去往汽车站乘车，你会根据自己的知识和经验很快地找到汽车站的位置以及通往汽车站的路线。因为在你的知识和经验里，你已经无意识地记住了周边的事物。而现在，你会依靠智能手机的导航系统去汽车站。对于手机导航的依赖使得我们失去了自主导航的能力。由于人工智能

---

① 巩永丹.人工智能催生“无用阶级”吗？——赫拉利“无用阶级”断想引发的哲学审度[J].国外理论动态，2019(06)：84-95.

的发展，我们不再需要依靠自己的知识和经验去找路了。在“用进废退”的规律下，就像我们的肌肉长时间不用会萎缩一样，我们自身的导航能力长时间不用也会逐渐丧失。

目前，人工智能算法已在效率方面赶超人类，使得人类逐渐丧失自主决策等能力，从而导致人类在某些领域的权威逐渐转移到算法上。人工智能的发展还将在经济、社会、政治、文化等领域对人类产生重要影响。

在经济领域，人工智能将掀起一场革命性的变革。那时候，不仅经济会在很大程度上受到影响，就业市场也会因此发生彻底的改变。以金融行业为例，要想做出明智高效的决策，处理分析金融数据信息的能力和速度等都显得尤为重要。目前，人工智能算法的运算速率已经远远地超过了人类，而且不仅仅是“快”，基于大数据、云计算等的人工智能技术，还能做到“准”。在处理海量的金融数据的时候，首先，人类需要花费的时间很长，在速度上完全比不过计算机算法。其次，人类会因为疲惫、注意力不集中、情绪不好等众多主观或客观方面的原因在数据处理时容易出错。而人工智能就不会出现这方面的差错，因为它们没有感情，不需要休息，不需要吃饭，也不会觉得疲惫。它们需要做的就只是对自己看到的数据进行分析、处理和决策，比起人类，基本上不受外界的干扰。

因而，在未来的金融行业，我们很可能会看到人工智能代替人类做出分析和决策的一幕。那个时候，融资专员、会计师、证券交易员、外汇交易员、理财顾问等都将面临失业的风险。

除此之外，在驾驶领域，无人驾驶将代替出租车司机、公交车司机以及卡车司机等。毕竟在无人驾驶的情况下，乘客不会遇到司机脾气不好、技术不熟练等状况。且人类司机需要休息，会视觉疲劳和情绪变化，一旦操控不好便很容易出现事故。而无人驾驶汽车不会疲惫，且有着精确的算法、大脑般智能的控制系统以及避障功能。人工智能驾驶相比于人类驾驶有着巨大的优势。大部分行业专家都认为，人工智能司机代替人类司机只是时间的问题。

同样的，在其他行业领域，人工智能医生代替人类医生、人工智能职员代替银行业务员等都有其合理性和可能性。当人工智能越来越多地代替了人类的工作，也就相当于会有越来越多的“无工作”的人出现。这些无工作的人累积到一定的数量变成了我们所说的“无用阶级”。正如赫拉利在其《未来简史》中所预测的那样：“到2050年，人类社会可能会出现一个新的社会阶级——无用阶级。”

很显然，无用阶级是受人工智能冲击最大的一群人。从制造厂工人、汽车驾驶员这类体力劳动者到金融分析师、会计师这类脑力劳动者，每个人最终都可能会沦为“无用阶级”一族。那么，是不是所有人都将成为无用阶级呢？赫拉利在其著述中提道：“最终，大多数人手中的经济、政治力量会转移到少数控制并拥有算法、计算机、网络的精英手中。”也就是说，只有极少数的人不会成为无用阶级。

我们尚且不谈论是不是真的会有这么多人会成为无用阶级。就目前来说，“无用阶级”是否真的“无用”，人们对未来的担忧是否真的会变成现实，我们尚不可得知。因为没有人能真正地看见未来。这一切都只是我们基于人工智能的发展而对未来的一个预测和猜想。但有一点是可以确信的，技术从来都不是决定性的，技术可以为我们带来许多事情实现的可能性，也可以引起人类生活翻天覆地的变化，但技术从来不会真正决定将何种可能性变为现实。

二、价值探寻：区分人机差异的内在尺度

人工智能一经产生便从一个美得令人无限遐想的科技代名词逐渐被一些带有想象力和浪漫主义情怀的科技作家评论、联想，进而进入科幻小说、科幻电影中，如《环太平洋》《我，机器人》《钢铁侠》等。在这些科幻作品中，人工智能赋能钢铁侠、机器人等，表现出了超乎想象的神奇力量，将人类所幻想的“超人”“英雄主义”形象展现得淋漓尽致，深受大众喜爱。

但是，随着人工智能在围棋界战胜人类围棋高手、在竞赛抢答中表现出超越人类的答题技巧等事情的发生，人们的内心似乎也不安稳起来，对人工智能由之前的新鲜、好奇、崇拜转为担忧和恐惧。在文化作品如《2010漫游太空》《终结者》上，也体现出人类对人工智能发展的一种担忧和惧怕。

事实上，目前机器人的“通用学习”能力可能只相当于三岁左右的普通小孩子。可能你会有疑问，既然目前机器人只相当于三岁左右的小孩子的智力，那么它是如何打败世界围棋冠军，又是如何在答题比赛中超越人类的呢？事实上，这源于人工智能在深度学习、机器学习等方面的优势。拥有深度学习能力的机器人

会在短时间内快速记住一些程序及算法，而这种学习能力，对于人类而言，则需要花很长的时间才能学会。因此，只要你将一定的规则、程序教给机器人，它便能在短时间内学会并超越人类。

需要注意的是，这些只是机器人在单一方面和少量维度上的优势。如果我们不将下棋规则告诉它，机器人可能连围棋是什么都不知道。而且“单一并非通用”，如果我们只教给机器人下围棋的程序和方法，机器人会下围棋，并不代表它也会下象棋、玩扑克。也就是说，只有当我们给机器人设置一定的程序，教它什么它才会什么。归根结底，机器人只是一种工具，它没有意识，不会像人一样主动学习没有接触过的新鲜事物。

然而，机器人即使是没有意识，也能在一些具体的工作如下棋中，比人类学习得更快，做得更好，并逐渐在越来越多的领域代替人类工作。那么，与机器人相比，人类的价值何在呢？

在美剧《真实的人类》中，有这样一段对话。机器合成人说：“我不惧怕死亡，这使我比任何人都强大。”人类说：“你错了，如果你不惧怕死亡，那你就从未活过，你只是一种存在而已。”这组对话其实暗含了机器人与人类的一个“质”的不同。那就是机器人没有生命，无法体会生命的意义和死亡的内涵，只是一种机械的存在物。而人类不仅有生命而且生命是有限的，正是因为生命的有限性，人的每一段经历都显得尤其的宝贵和独特。机器人千篇一律，做的工作在某种程度上也只具有同样性和重复性。同样性是指同一件事情可以换任意一台机器人来做，他们都具备完成这项工作的能力。重复性是指机器人昨天与今天甚至是明天做的事情都可能是重复性的，重复到甚至每一个动作都分毫不差。但人类就大相径庭了，每个人都是不同的个体，具有很大的差异性，同一份工作由两个不同的人来做，完成效果肯定是不同的。且无物常驻，万事皆流，“太阳每日都是新的”，人每时每刻也都在发生着变化，即使是做同一件事，在不同的时刻也会有不同的效果。

机器人没有思想，不具备思考的能力。机器人只是单纯的物，当然人也是物，但人是有智慧的物，而且这种“智慧”就体现在“思想”上。当我们看到眼前的桌子，我们知道它叫桌子，看到水杯知道它叫水杯，这不叫思想，这可看作是一种记忆。当我们已经熟知了某些物体，再次见到的时候，就能想起它，因为这是一种已经存在于我们认知里的东西，我们只需要将其回忆起来。而机器人也具备这种记忆的能力，当我们将物体的形态特征等数据化并存入系统，通过生物识别等技术，机器人便也能够区分这是桌子还是水杯。思想就是需要主体自主做出一些思考。思考的过程就是主体进行有依据的怀疑，并不断追求可信的答案的过程。在这个过程中，人类会对各类事物展开一定的联想和假设，并进行一些“未知”的猜测。而机器人就不具备这方面的能力，机器人只能对“已知”的事物作出判断，且机器人不会思考，它只能根据特定的程序和算法对事物做出分析和处理。归根结底就在于机器人没有思想，不具备自主思考的能力。

人的情感、自我认知等是机器人没有的。我们常说，人是具有七情六欲的情感动物。我们在面对悲欢离合的时候，都会带有一定的情感，且能够清楚地知道自己当时的情绪。当李清照写下“帘卷西风，人比黄花瘦”之时，她也不单是在纯粹地描写景物，更多的是在寄寓一种相思之情。目前，已有一些机器人能够像人一样写诗、写文案。比如，微软的机器人小冰出版了诗集《阳光失了玻璃窗》，腾讯推出写稿机器人 Dream Writer 等。但是，这些诗集或稿件也是人工智能通过深度神经网络技术等不断学习、模拟人的创作过程而生成的。对于人类复杂的思想情感，机器人至今还不能够完全理解。

在目前的很多人形机器人中，比如历史上首个获得公民身份的女性机器人“索菲亚”、中国首个美女机器人“佳佳”，乃至一些智能养老陪伴机器人，它们都会做出一些自然的面部表情，比如微笑、生气等。是否这样的机器人就具有情感呢？事实上，这些机器人可以通过算法识别人的面部表情，并通过写入诸如“当有人对你微笑时，你也一定要对他微笑”的代码。但也有一个方面需要注意，当你看到有机器人对你笑时，并不代表机器人就一定很开心，它们只是在按照特定的程序做出特定的行为，可能有时候甚至连这些表情背后的含义都不知道。

另外，机器人缺乏创造力，人类比起机器人更有机会开创无限的可能。机器人之所以会在围棋比赛中战胜人类，其实靠的是一套有规则、有运算程序的编程系统，这些算法规则都需要人去制定，机器人再根据制定好的运算程序执行。归根结底，是人创造了机器人，让机器人按照人类的想法去做一些事情，机器人也只是在人制定的规则之下运行。但机器人离开了一定的规则和程序，别说是创造，就是运行也可能会“死机”。除了创造机器人，人类还可以依靠自己的知识、智力及各方面的能力在发现新事物、产生新想法的基础上，创造一些原本没有的东西。这就是人类的创造力，是机器人或者说人工智能所不具备的。

在未来，人类可以通过在大脑中植入芯片等方式来模拟机器人，使自己越来越像机器人，也可以将一些规则、算法、程序等教给机器人，让机器人越来越像人类，可以代替人类做越来越多的工作。但这个操控权其实一直掌握在人类自己手里。如果能创造机器人代替自己更高效地完成一些事情，人类自然不愿意自己亲自动手去做。人有情感、有思想，会思考、能创造，这是人区别于机器人的根本所在，也正是在人工智能时代人的独特价值所在。因此，我们在认清这些现实的同时，也要好好地利用人类本身所具备的这些能力，将其价值最大地发挥出来，避免沦为“机器人”。

三、生存意义：“无用阶级”生命本质的回归

在《未来简史》中，赫拉利教授描述的“无用阶级”是一群找不到工作、无法工作的人。“无法工作”并不是因为人们无用，反而是因为他们“有用”，创造了在效率等方面更优于自己的工具——机器人。有了机器人这一工具来替代自己完成一些工作，在这些工作上，人类也就“不被需要”了。

其实，寻找一些“工具”来代替自己做事是人类从古至今一直在做的事情，只不过在不同的时代，形式不同罢了。机器人代替人类，其实质是生产力水平的提高，是为人类提供更多自由发展和创造的空间，并不是想要碾压或者是毁灭人类，毕竟人类创造机器人也不是为了自取灭亡。

在古希腊时期，苏格拉底、柏拉图、伊壁鸠鲁、阿基米德等都是不从事社会生产劳动的人，他们无人雇佣，没有创造任何社会经济财富。若是放在人工智能时代，也可视其为“无用阶级”。不过，与人工智能时代不同的是，能够产生财富盈余使他们成为“无用阶级”的不是机器，而是奴隶。但是，正是这群“无用的”、不事生产的人奠定了西方智慧的基础。

同样地，文艺复兴时期，“美术三杰”“文学三杰”等都是不事生产、不工作的人，都是依靠别人活下去的“无用阶级”。同时，还有大批学者、学生聚集在一起，整天沉浸在“哲理”这些无关生存的“无用”探讨之中，谁也没有想到后来会在世界范围内演变成巨大的教育产业。

当然，我们并不是说在人工智能时代，越来越多沦为“无用阶级”的人之后都可以去从事一些哲学、文学、教育学之类的探讨工作。毕竟这种“苦思冥想”的活儿并不是人人都愿意去做，也并不是人人都能成为哲学家、思想家、教育家。只是我们需要思考的是，人就一定要从事物质生产活动、创造社会财富、创造经济价值才能够生存吗？离开工作，人就真的“无用”了吗？答案很显然，不是。

在工业革命时期，机器生产大量出现并代替工人劳动的时候，工人也因为机器导致自己失业而大量地捣毁机器。但最终的结果并不是人们就没有了工作而无事可做。相反，机器的出现使得生产效率提高、经济发展得越来越快，人有了更多接受教育的机会，知识的普及使得人们生活得越来越好。在未来的二三十年里，人工智能代替人类工作是大势所趋。那个时候，大量的“无用阶级”将失去工作，需要进一步寻找生存的意义。

在人的一生中，总是会不断思考、寻找生命的意义，而且越早想明白，就越早受益。据说著名管理学家德鲁克年仅 13 岁时，他的老师就给他和其他孩子们提了一个问题：“将来你们过世后，最希望被人怀念的是什么？”一时间，所有孩子都鸦雀无声。老师接着说道，“我不期望你们现在就能给出答案，但如果你们到了 50 岁还是回答不上来，那就是白活了。”这个故事对他一生影响很大，使他在很小的时候就开始思考人的生存意义，并促使他一生都在不断地追求，成为管理学大师。

1939 年，德鲁克出版了自己的第一部著作——《经济人的末日》，获得了巨大的成果，并因此收到了美国《财星》杂志亨利·鲁斯（Henry Robinson Luce）的亲笔信。鲁斯在信中表示，他想高薪聘请德鲁克，但德鲁克并没有为之所动。他说：“鲁斯的善意，他给的高薪和溺爱，简直是对才智的谋杀。若是为鲁斯工作，我怀疑自己是否有这份能耐，能成熟到抗拒那些诱惑？……鲁斯见我居然有排拒之意，干脆给我一份高薪的闲差，就当作是他的幕僚。我已经学乖了，于是拒绝了他。”

无论如何，工作不是人生的根本意义，工作的终结并不意味着意义的终结。人之所以要工作，其实质就是要给自己找点事情做，毕竟人闲不下来。若让你长时间坐着啥也不干，你可能会疯掉。不管做什么，你总得专注于一件事，或者至少有一件事可以做，这样你就可以用它来打发时间。虽然这件事可能本身没有意义，但只要你去做了，它也就被赋予了意义，变得有意义了。

数千年来，人类都在试图以各种各样的方式去探索生命的意义。

在基督徒眼里，上帝就是创造世界并主宰一切的至高无上的神，圣经就是上帝的话语，人要按照圣经所启示的法律来生活才会合上帝的意，人活着的目的就是荣耀上帝，一个有意义的人生就是“敬天爱人”“荣神益人”的人生。人如果不认识、不相信、不荣耀上帝，就会在价值和意义的寻找中迷失自我，就会产生困惑、空虚和焦虑。因而，信仰上帝的基督徒就会在周末做礼拜、节日做弥撒、饭前做祈祷、错后做忏悔、入教做洗礼——这一切的行为活动就是他们生存的意义。

玩游戏的人可能知道，曾经有一款风靡全球的掌机游戏叫 Pokémon（口袋妖怪）。这是一款虚拟手游，在游戏里会有各种各样的精灵小动物和妖怪，游戏玩家会因为抓到的妖怪越多越有成就感和自豪感，因而他们有时候甚至会疯狂到大半夜跑出去抓妖怪。在不玩这款游戏的人看来，妖怪自然就不存在。但在游戏玩家看来，这些妖怪不仅存在，而且能抓住这些妖怪就是一件特别有意义的事情。这跟基督徒信仰上帝一样，信仰上帝的人会觉得一切礼拜、祈祷活动都十分有意义，但不信仰上帝的人便会觉得这些行为的意义不大。

从本质上来看，无论是宗教信仰还是游戏妖怪，都是人们寻找生命的意义的一种体现，只是形式不同而已。信仰靠的是叠加于现实之上的想象，上帝在人们的心中，因而根据上帝的旨意生活就是生命的意义所在。游戏借助的是智能设备，通过智能设备抓妖怪便是有意义的事情。

当然，大部分人既不信仰上帝也不玩口袋妖怪，但他们同样会以一种自认为有意义的方式去生活。无论是哪种方式，只要人类赋予其意义，人类也就找到了生存下去的理由。毕竟人无法忍受没有意义的生活，而且很多事情本身就没有意义，因而需要人类去自主探究并赋予它意义。

在现代社会，我们会看到这样一群人：天天待在家里或者是网吧玩游戏，啥事儿都不干，只要给足他们可以维持生命的食物，他们就可以一直盯着计算机玩下去，不吃饭甚至不睡觉。只有当他们的身体饥饿与疲惫到发出警告的时候，他们可能才会休息一下，吃点东西以维持生命。脱离现实生活沉迷于游戏的这群人并不会因为没有工作而觉得生命失去了其存在的意义。

因此，未来的“无用阶级”一族即使会因为人工智能的发展、机器人的普及而失去工作，也不会停止探求生命的意义。工作不是人生的根本意义，工作的终止不代表生命意义的终止。很少有人真正地享受“工作”这个过程，很多时候都是为了生活、为了家庭或者是其他外在的因素而被迫去工作。又或许，人工智能正是要将这种因被迫工作而忘记人本性的局面扭转回来，还原人的本性，给足他们足够的自由以及充裕的时间，使其遵循自己内心的价值导向，去做一些对生命有意义的事情。在这种情况下，或许会有越来越多的潜在的贝多芬、苏格拉底等出现。

四、终身学习：避免沦为“无用阶级”的成长道路

1929—1933年，西方社会发生了一场席卷全球的经济危机，这场危机导致大量的工人失业，同时这也是第二次世界大战爆发的重要原因之一。战后，西方各国开始认识到，必须要出台一些政策来保障无工作公民的基本生活需要，否则，大量贫穷又无所事事的人必然会站起来反抗，将国家带入长期的混乱和动荡不安之中。社会福利保障制度就此诞生。其中，最重要的一项就是“失业救济金制度”。

失业救济金制度主要针对的是失去工作暂时又找不到工作的人。这为经济危机中大量的失业工人带来了福音。有了“失业救济金”作为保障，失业的公民依旧能够在失去工作后过上安稳的生活，至少在短期内可以生活一段时间。所以，该政策为失业工人在找到新工作之前提供了一个很好的过渡。

与经济危机造成的失业工人不一样的是，未来几十年，人工智能高度发展造成的失业工人将很难再找到新工作，所有的工作都会逐渐被人工智能所代替，根本没有工作再留给失业的工人去做，人们将沦为“无用阶级”。

那么，是否未来找不到工作的“无用阶级”也可以通过享受社会福利制度来保障生存呢？很多人也就此作出过预想。只不过这个时候的社会福利制度不叫“失业救济金”了，而是叫“无条件基本收入（Universal Basic Income)”。无条件基本收入也是赫拉利教授在《未来简史》中针对未来“无用阶级”的生存所阐述过的一项解决措施。

当前，“无条件基本收入”已经不仅仅是一个停留在理论层次的概念了，世界上很多国家就此开展了相关的可行性实验。

瑞士是世界上第一个试图进行“无条件基本收入”实验的国家。瑞士这样做的目的就在于想要让人们思考，未来，即使不工作也会有收入，他们还会干什么？但这项“无条件基本收入”的提案最后没有被通过。因为提案想要发放给瑞士每个成年人每月 2 500 瑞士法郎的基本收入，这个数目最后极可能导致瑞士国家的财政负担过重，从而形成过大的财政赤字。因此，在全民公投的时候未被通过。

芬兰则是欧洲另一个进行“基本收入”实验的国家。芬兰虽然是世界上最富裕的国家之一，但其失业率也非常高。据相关调查数据显示，芬兰的全国性失业率在 2018 年 4 月高达 9.3%。

从 2017 年 1 月 1 日起，芬兰开始实行“基本收入”实验。芬兰政府在全国范围内随机挑选出 2 000 个贫困收入者和失业者，给每个人每月发放 560 欧元的基本收入，直至 2018 年 12 月结束。虽然从实验结果来看，芬兰的就业率和居民生活并没有多大的改变，但这也为芬兰政府提供了一些先前没有的信息。

此外，加拿大安大略省、美国斯托克顿市甚至是印度也试图进行“无条件基本收入”的实验。总之，这个“无条件基本收入”制度目前来说尚处于一个实验和收集数据的阶段，这一应对未来“恐怖”的人工智能时代的制度效果究竟如何，在短期内尚得不出结论。

当然，也有一些乐观主义认为，可能无须“无条件基本收入”。未来，就像人类走向工业时代那样，当大部分工作消失之后又诞生了许多新的工作。人工智能时代也一样，即使机器人代替了我们的大部分工作，但也会有新的工作诞生。这种可能当然也是存在的，但我们需要看到的是，即使未来会诞生一些新工作，但这些工作也是少量的，且都是需要经过长期、专业的技能训练和能力培养才能胜任的工作。

需要看清的是，不管有没有“无条件基本收入”的供养，不管会不会诞生少量需要高技能才能胜任的工作，未来人工智能的发展都会产生越来越多的“无用阶级”，这一点是毋庸置疑的，因为那些低技能、高重复性的劳动，甚至是需要深入分析的工作，势必会被优于我们的人工智能所代替。

我们无法预测未来几十年的就业市场是怎样的，但目前需要做的就是不断学习，在时代“革掉自己的命”之前，主动刷新认知，重启自己，避免成为时代的弃儿、成为无用阶级。

当然，我们这里说的“不断学习”不是知识的学习，而是“学习能力”的学习，是自我学习能力和分析能力的培养。

高考制度的存在使得学校教育培养出来的有些学生会做题、会考试，且他们会以考高分为荣。但事实上，会考试、会做题在未来或许根本没用，因为随便一台智能机器人就会比你更擅长考试和做题。另外，题海训练和高考压力会使得学生逐渐丧失求知欲以及对学习的兴趣，最后对学习产生本能的厌恶和排斥，因此一旦卸下这种高考的压力，他们便不再愿意主动去学习和思考了。

我们在这里并不是想要批判高考制度，其存在当然有其存在的合理性。只是就事论事来说，当下的学生可能会因为这种“被压迫”式的学习方式而对“学习”产生一种厌恶。那么当他们离开学校、步入社会的时候，失去的将不再是学习的知识，而是学习的能力。

在这个瞬息万变的时代，我们唯有保持强烈的求知欲，以及对学习的热情和积极性，才有可能避免自己在未来的社会中被淘汰。因为，知识的学习不仅仅是我们人类可以学习，机器人也可以通过深度学习、机器学习等对知识进行加工学习，只不过这种学习是机械的，而不是像人类一样通过自主探索、发现、思考和实践等方式来学习。

因此，在人机越来越相似的人工智能时代，我们唯有挖掘人类与机器人的不同之处，努力将人类的价值发挥到最大，才有可能保证自己不被机器所取代。自我学习能力、自主探索能力、创造力、思考力、思维能力等便是人类所要保持并不断提高的能力，也是人类在人工智能时代成为有用的人所必需的能力。

第十二章

智能治理：我们要成为生活的主人

技术迷踪：在智能生活中迷失的自我
对抗混乱：智能治理在生活中的任务
重塑生活：成为智能生活的主人

智能技术赋予人们以生活的灵感，让人在追求美好生活的路上乐此不疲。然而，人们也在这个过程中看到了智能生活中潜在的负面影响，需要人们重新以理智的生活态度去对待，以科学的智能治理使智能生活朝着更美好的未来迈进。

一、技术迷踪：在智能生活中迷失的自我

作为新时代智能技术的代表，人工智能总是在以各种各样的方式满足人类多种多样的生活需求。事实证明，它的确在无限多的领域里散发着正向塑造的惊天伟力，改变它们的结构、规模、形态甚至是本质，给人类的生活带来了极大的舒适、安全与便利。

据不完全统计，全世界每年死于车祸的总人数超过100万，其中绝大多数事故都是因为人类驾驶员的失误造成的。如果能够在全世界范围内大力推广无人驾驶汽车，那么那些原本因人为原因或者是汽车本身的技术原因所导致的交通事故，必定能得到极大的减少。在医疗领域，智能技术的嵌入引发的医疗领域的变革为人们"寻医问药"带来了极大方便，在简化看病流程的同时，还能让患者得到更为科学的个性化治疗方案。不仅如此，将人工智能技术引入医疗领域，还能为新药研发、药物测试、疾病诊断、临床手术、医学研究等领域带去新的活力，从技术领域赋予整个传统的医疗体系以"鲜活的灵魂"。

智能技术确实让人们过上了以往从未体验过的生活：双手逐渐从"生存型劳动"中解放出来，拥有更多可支配的时间，获得更多自由的权利，赢得更多为自己而活的生活空间等，人们的消费、休闲、娱乐与发展等活动得到了较为充裕的物质保障和时间保障。仅从这些方面来说，已经足以展现跟随智能技术裹挟而来的新的生活方式，在历史的维度上具备了划时代的突破性力量。或者可以说，在人类的整个历史长河中，人们从未像今天这样距离"美好生活"如此之近，或者就在其中。马克思曾经指出："我们首先应当确定一切人类生存的第一个前提，也就是一切历史的第一个前提，这个前提就是：人们为了能够'创造历史'，必须能够生活。但是为了生活，首先就需要吃喝住穿以及其他一些东西。因此第一个历史活动就是生产满足这些需要的资料，即生产物质生活本身，而且这是这样的历史活动，一切历史的一种基本条件，单是为了能够生活就必须每日每时去完成它，现在和几千年前都是这样"。[①] 如今看来，在"生产物质生活本身"的方

① 中共中央编译局.马克思恩格斯选集(第1卷)[M].北京：人民出版社，1995：78-79.

面，其实很多劳动已经交由智能机器去完成，人们终于得以将更多的时间用于生活与发展的相关领域，而不是其他。

然而，我们在欢呼雀跃之余，适当地思考已存在的智能生活方式是否会给人们带来生活隐患的问题，应该是较为明智的。世间万事万物，并不存在某种事物——它是绝对的善的化身，或者是绝对的恶的化身，而是凡事都是善与恶的集合体，区别就在于是善大于恶还是恶大于善，以及人类怎样扬善除恶。而智能生活的存在，于人们而言也是如此，有积极的一面存在，自然也会伴随着消极的一面。

1642年，法国著名科学家帕斯卡因为不忍心看到他的父亲（收税官）经常疲于计算各种庞杂的收税任务，为了给父亲减轻这种计算层面的巨大工作压力，发明了世界上第一台机械计算器。帕斯卡发明计算器的故事告诉大家一个技术起源的秘密：最早的技术起源于人们想要用它来辅助或者代替自己，以达到省时省力的目的，从而提高生产效率，以便于生产足够的生活用品。正是在这个目的的驱使下，技术的发展与应用在无休止的运行中表征为今天的状态，并在此种动机的驱动下，技术还将继续向前发展。换言之，人们将为技术替代人类劳动这件事一直努力下去。但是，问题就出现在其中。未来生活情境中的某一天，绝大多数的劳动者用于生产必要的生活用品的劳动都被机器所替代，人们该做些什么才能填补原有的这部分被劳动所占据的时间？

按照经典马克思主义的解释，劳动关系到整个人类社会的存在和发展，劳动塑造和成就了人类的今天，没有劳动就没有人类。如此说来，劳动对于人类的生活至关重要。从理论上来说，停止劳动的人，就不能实现劳动价值的转化，存储于人身上的“资本”就得不到有效的流动，个人的价值也就很难得以在社会层面实现。当然，这是从劳动在社会生活层面的角度来分析的，看起来显得有些深奥晦涩。

从个人层面来看，在智能生活情境中，作为独立生活的个体，其实已成为一个万物等待服务的对象，帝王般的生活待遇使得一些人不再愿意迈出自己原有的生活空间，每天“宅”在一个固定的地方，却不用担忧生存方面的问题，借助于各种智能穿戴设备，穿行于多个现实空间与虚拟空间，使得他们不会感到生活的孤独与空寂，最终沦为智能生活产品的奴隶，导致新的成瘾问题的出现。自然而然，一旦在精神层面对智能机器成瘾，独立的个人就不再关注自身的状态，包括生存状态、生活状态与发展状态等。届时，这样的个体就很有可能面临极大的健康隐患。因为他们长时间不劳动，或者不符合自然规律地投身于智能生活产品所呈现的虚拟世界中，很有可能加速身体器官的功能退化甚至是衰竭。

还有一个需要引起注意的问题，那就是因劳动能力退化而出现的大脑思考能力的退化问题，或者是大脑任务负担过于沉重带来的精神问题，需要引起大家高度关注。在智能生活中，人们从传统的劳动中解放出来，大部分人应该会去往两个方向。

一类人认为既然劳动都可以交由生活机器人来做，那么个人的思考与决策也不用再动脑筋，也可以完全照搬智能机器的决策与建议。也就是说，这样的一类人在智能生活中很有可能丧失对生活的"主见"，一种很"随便"的生活态度让他们停止了对生活的思考。这将会面临一个很严重的生活问题，就是当他们想要重新思考生活的时候，原本已具备的那种对生活的敏锐度与洞察力，因为智能生活产品的替代作用而被抵消，导致大脑思考能力的严重退化。

而另一类人刚好相反。用马克思的话来说，这些"人不再从事那种可以让物来替人从事的劳动"。[①] 换言之，这类人将开展那些不能被机器所替代的劳动——高级的脑力劳动。也就是说，他们刚从"生存型劳动"的困惑中解放出来，又重新迈入"发展型劳动"的泥沼，整日疲于思考关于自己的发展前途的问题，或者是投身于高耗能的脑力劳动中，出现用脑过度的情况，从而导致习惯性的失眠、注意力不集中、反应能力下降等症状的出现，更严重的还会导致自主神经功能障碍。这就是为什么近年来世界卫生组织与中国精神卫生调查数据所反映的现状：精神病患者的人数在不断地增加。可见，在未来的智能生活中，如果人们不认清过度"用脑"的这个问题，处于智能生活时代的人们面临的精神健康问题将更为严峻。

从某种程度上来说，智能生活时代人们的精神问题在本质上反映的是人的异化问题。异化问题不分时代，智能生活环境中的人们也将面临此问题。异化问题主要表现为人被迫沦为异己的力量所统治的对象的问题，譬如，前文提到的成瘾问题、精神健康问题等。按照马克思的说法，只要人们能够感觉到"一切肉体的和精神的感觉都被这一切感觉的单纯异化即拥有的感觉所代替"[②]，那么这种感

---

① 中共中央编译局.马克思恩格斯文集：第8卷[M].北京：人民出版社，2009：69.

② 中共中央编译局.马克思恩格斯文集：第1卷[M].北京：人民出版社，2009：190.

觉所反映出来的问题便是异化的生活开始蚕食人们的正常生活。从这种生活状态来看，智能生活的异化主要还是通过人的异化表现出来。过去，人们认为“‘精神’从一开始就很倒霉，受到物质的‘纠缠’”，[①] 但如今，精神开始从物质的“纠缠”中走向自由，为什么依然会出现异化的现象？这在一定程度上要为“物质”证明，它并不是唯一引起异化问题的因素。从目前来看，正在出现一些很多传统劳动形态下未曾出现过的异化问题，导致新的生活异化问题的出现，或许这与人们的精神本身有关。

回归到对智能生活本身的探讨，应该可以找到其中的奥秘。一般认为，智能生活正在向人们走来，可以分为两个步骤：一是生活智能化；二是智能化生活。生活智能化是指打破原有生活方式与生活边界，使得智能产品和智能服务大举进入人们的日常生活空间，反映的是智能技术在生活中的渗透，人们的生活方式呈现为被动与主动交叉复现的智能化状态。这个步骤一般发生在智能新技术的诞生与新智能产品的市场规模化发展阶段。后者则反映的是一种生活目的——人们通过运用智能产品实现智能生活目的的阶段。这个阶段一般发生在智能生活产品与服务全面渗透到生活领域之后，大家开始重新在智能化的环境中萌生的对“现实生活的思考”。

从生活与智能结合的角度来看，总的来说，都是在很大程度上给予人们生活自主选择权的过程，无论是生活智能化还是智能化生活都不例外。换言之，在这两个阶段中，“自由”扮演了最为重要的生活角色。自由与异化有何关系？难道人们会自由地选择异化？事实上，人们会因为新的自由的出现而不知道如何在多样化的生活中过好这种生活，从而容易习惯于沉浸在某种特定的生活形态中而迷失自我。黎巴嫩著名作家纪伯伦说，“自由是人类枷锁中最粗的一条。”为何会如此？原因在于智能生活的到来，赋予人们更多的生活自主选择的权利，同时也给予人们更多思考和认识自己的时间，而传统的那种体力劳动带来的身体的“愉悦”与精神的“闲暇”并不能做到这一点，因为人们都在忙于劳动和奋斗，并把这种过程当作生活的一部分。

然而，智能生活中的人们并非如此。高度发达的智能机器已经让人们获得了极大的自由，“作为谋生手段的劳动”转变为“作为生活目的的劳动”，在转化的过程中很容易迷失生活的方向。这应该是自由生活环境下，生活与哲学的断裂所

---

① 中共中央编译局.马克思恩格斯选集:第1卷[M].北京:人民出版社,1995:81.

引起的不良社会反应，生活的意义成为异化本身，而异化的对象并不为所知。换言之，自由时间中的生活，让自由本身也变为一种异化的存在，割裂了人与生活的直接联系，导致人的哲学与审美能力的退化，从而陷入无端的焦虑与恐慌之中，智能生活于他们而言，便失去了原本的意义与价值。

由此而言，智能生活的自由属性很容易引发人们在自由与休闲的活动中的恐惧，一种源自于无意义的思考。恐惧并非产生于已经处在的空间，而是来自大家共同的对“未处其中”的环境的焦虑。所以，对于自由生活而言，自由的异化从根本上反映了“人是意义性的存在物”，一旦开始感到生活的无趣，生活的负面情绪就会萌生：寻找精神依托的渴望便会与日俱增，终日沉溺智能产品而无心向学，沉迷于智能游戏与虚拟社交而懒惰成性，沉浸于虚拟世界而精神萎靡等，都需要人们以一种远见的眼光，提早预防智能生活的异化问题。

总而言之，智能生活不止于“利”的一面，它的“弊”的一面同样具有人们想象不到的塑造力，它不仅能够使人丧失对生活的渴望，还能让人本身出现异化，从而无心再关注自己的生存和发展的问题。随着智能生活的到来，异化的一面很有可能会增加人们的生活负担，阻止人类主观能动性的发展，分散人们对生活意义的注意力等，因此需要人们从智能治理中找到新的生活解决方案，以便让自己在智能生活中得到有效的回归。

二、对抗混乱：智能治理在生活中的任务

治理是指管理和理顺事物的运行逻辑之意，凯文·凯利就曾在《失控》一书中提到，“所谓治理，就是通过对抗混乱而产生秩序。”[①] 因此，顾名思义，智能治理就是指借助智能技术对抗事物内部的混乱而使其产生必要的运行秩序的过程。

说到这里，人们会发现一个悖论：智能技术将人类带入智能生活新时代的同时，也将部分人送入异化的境地，使他们在智能生活中迷失自我。但为什么是要重新借助智能技术唤醒异化的人？这主要是源于智能技术是智能生活的技术架构

---

① 凯文·凯利.失控[M].东西文网，译.北京：新星出版社，2011：177.

的缘故——无智能不生活。因此，未来智能生活异化的问题仍需要借助于其技术架构本身实现智能生活异化的“反治理”。

那么，在异化的智能生活中引入智能治理，它应该扮演什么样的角色，或者要担负怎样的生活任务呢？要回答这个问题，应该首先厘清两者之间的内在逻辑关系。智能技术是智能生活的技术架构，智能治理是智能技术对异己对象的混乱的对抗，而智能生活又是智能技术架构的对象性产物。这就说明，智能治理理应出现在异化的智能生活场景中作为一种对抗性的力量而存在。换言之，智能治理与智能生活应该是一种相伴相生的关系，自智能技术赋能人们改变生活方式开始，它就已然以一种“旁观者”的姿态伫立于生活的某个角落，规范和引导着智能生活的发展走向。随着智能生活的不断发展，作为一种达到生活目的的手段的智能治理，也在不断地进化和发展。

因此，从某种程度上来说，智能治理是通往智能“美好生活”的重要保障。从时间顺序上来说，智能治理具有一定的滞后性，也就意味着它对智能生活的反应很多时候会表现为一种不对称，更多的是“应急反应”，而不是主动自发的“预防反应”。在智能生活不断生成的过程中，智能治理的“间歇性缺失”是导致部分人在智能生活中“异化”的缘由。因此，智能治理嵌入智能生活，对于自身的“技术性反思”和“制度性反思”都显得非常有必要。

在辨清两者的关系之余，需要重新聚焦智能治理在智能生活中的任务的问题。从目前看来，出现于智能生活中的异化问题应该引起足够重视。微小的事物苗头往往有其内在的迅速生长机制，稍不注意便可能发展为非常宏大的现实问题。所以，现阶段需要充分分析可能出现的问题的根源，探寻阻碍智能生活顺利发展的原因。

智能治理的第一大任务就是消解人们在生活中的价值危机与信仰缺失的问题。历史上人类的所有异化问题无不与人类的价值与信仰相关，智能生活的异化也不例外。从本质来看，未来智能生活的异化问题其实是人类生活价值观念的危机问题，最终由人类在智能生活中的信仰缺失所致。可见，“价值危机”与“信仰缺失”是导致智能生活异化的根本原因。因此，加强智能治理，有效消解人们在生活中的价值危机与信仰缺失的问题，是智能治理的第一大任务，也是首要任务。

智能治理的第二大任务是教导人们在生活中要充分“认识自己”。享誉世界的英国著名物理学家贝尔纳说："人们过去总是认为：科学研究的成果会导致生活条件的不断改善；但是，先是世界大战，接着是经济危机，都说明了把科学用于破坏和浪费的目的也同样是很容易的。"[①] 可见，智能技术作为一种科技力量，本身并无好坏之分，更无价值判断的能力，而是全权交由人类自己去判断和使用。因此，智能治理还需要以自身的技术优势，赋予人类更多反思自己的空间和余地。无论你是大科学家、企业家，还是单位领导或者是个普通人，都应该集中精力思考和认识自己，特别是要思考自己所做的决策能否"给大众的生活带去幸福和快乐"。

智能治理的第三大任务是要充当智能生活与哲学的中介，简单来说，就是充当生活与哲学的沟通媒介。智能生活的异化不仅源自人的价值与信仰的问题，一定程度上还会源自哲学与生活的脱离。譬如，传统的生活领域，生存型劳动让人们误将生活的任务作为一种生活方式，本质上就是因为"生存活动的惯性"，人们经常只站在适应生活的角度去思考生活，而不是反思生活本身的意义。生活的意义是什么？这是一个生活哲学的问题。人们不能思考生活的意义，也就意味着哲学与生活的断裂。历史地看，哲学与生活的断裂不属于某个特定历史时期，而是一切历史阶段都有可能出现的生活现象，在智能生活时代也不例外。因此，智能治理在智能生活中，还应充当生活与哲学的中介的角色，以期为智能生活时代的人们提供一把从智能生活事实中汲取生活智慧的"钥匙"。

智能治理的第四大任务是要充当技术的治理者的角色。就智能技术本身而言，依然存在着漏洞和风险，至少人们不敢保证它一定是朝着给人带来好处的方向发展，随时都有可能因为一些技术漏洞，引发智能生活的安全隐患问题。与此同时，当前的智能机器处于弱人工智能阶段，生活中的人们并不能判断它们是否真正地在某一刻拥有了"意识"。又或者说，强人工智能的突然闯入势必会将人们的生活从秩序中推入混乱的"火坑"。智能技术的"失控"问题隐藏着巨大的生活风险，而且这种"巨大"的程度可以从智能技术渗透进入人们生活的程度来作为判断的尺度。为应对智能"失控"的风险，智能治理的存在就需要面对该特殊问题，实现以"技术治理"应对"技术的不完善性"所带来的风险。正如凯文·凯利所说："没有任何事物可以使我们更加美好。我们不会因外力的趋势而改善

---

① 贝尔纳.科学的社会功能[M].陈体芳，译.北京：商务印书馆，1982：25.

生活，但是可以接受外力产生的机会。”[①] 在这里，智能治理就是充当这样一个“机会”的角色，需要借助外力的作用去解决暗藏于智能生活的技术架构中的风险问题。

智能治理不是目的，连接智能生活与哲学的断裂，使得人们找回生活的价值、信仰与意义才是目的。在生活中，智能治理要引导某种“混乱的秩序”向“和谐的秩序”转变只是它作为一种手段的表征，最终所要实现的根本价值还是要让生活在智能时代的人们能够普遍地关注生活的意义，以及沉思生活的本质。沉思执着于追问，追问乃通向答案之途，如若答案毕竟可得，那它必在于一种思想的转换，而不在于一种对某个事态的陈述。[②] 由此可见，智能治理只能算作是人们“执着追问”与“转换思想”的现实手段。真正通往未来的智能幸福生活的大路或许并没有如上的这些“陈述”那么糟糕，但若真的出现，那就从思想的转换开始找出路。

三、重塑生活：成为智能生活的主人

人是智能生活的创造者和拥有者，智能生活是被创造者和被人所拥有的对象。然而，智能生活的异化却在扭转这种局势，使得创造者和被创造者的角色出现了转换。究竟是人创造了智能生活，还是智能生活创造了人，有时甚至很难分清楚。大家都知道，智能生活的进程分为生活智能化与智能化生活，至于哪种方式更适合于促进人们过上美好生活，还需人们共同的努力和见证。事物的两面性给人的教训是，“凡事预则立，不预则废”。所以，就在我们身边的智能生活，大家应该要将之分为两个部分来看待，一是眼下的生活，二是明天的生活。

从目前的智能生活发展进程来看，智能生活的异化已经出现，譬如智能手机对人的生活的异化、智能购物对人的生活的异化、智能游戏对人的生活的异化等，都是眼下的生活中急需解决的生活异化问题。至于明天的生活，人们则需要做好对未来生活异化问题的预防和准备，以更好的预防机制对抗智能治理滞后性

---

① 凯文·凯利.科技想要什么[M].熊祥，译.北京：中信出版社，20110：350.

② M.海德格尔，孙周兴.哲学的终结和思想的任务[J].哲学译丛，1992(05)：57-63+82.

的弊端。无论如何，我们应该以正确的思维方式与思想理念看待生活中的异化问题，并在辩证的批判中探寻合理的扬弃措施，从而达到消除智能生活对人们的异化的消极影响，促进智能生活与人的和谐。

因此，面对智能生活的异化现象与问题，我们应该从净化智能生活市场架构、智能体中嵌入预警机制、智能体的伦理道德建构、智能媒介传递生活正能量、培养人的独立自主意识、树立正确的价值与信仰等六个方面着手，以完成智能治理在智能生活中的“四大任务”，实现人的美好生活。

净化智能生活市场架构。一般来说，人们所认识的智能生活绝大多数时间是智能生活产品给人的一种客观感受。也就是说，流通于市场中的智能生活产品在一定程度上暗含着人们对智能美好生活的期许。最简单易懂的道理是，拥有了这些智能生活产品，就过上了智能生活。严格意义上讲，我们并不能直接否定这种认知，因为智能生活产品的确在智能生活中充当着不可替代的角色，它们的存在切实做到了将智能技术转换为“为智能生活服务的现实目的”。换言之，智能生活市场对智能生活具有导向作用。因此，需要从完善市场的竞争与监督机制、建立有效的市场合作机制、构建合理的市场奖惩机制等三个方面，净化智能生活市场。这样，一方面是有利于智能生活产品提供商之间的良性竞争，另一方面也是为了让智能生活市场的生活导向作用发挥正向价值，规范市场秩序之余，让人们不会在智能市场中体验到智能生活的消极方面。

智能体中嵌入预警机制。习惯性地沉浸在某种生活方式中，有时也能毁掉人们的智能新生活。人们往往对已经习惯的生活方式熟视无睹，这是因为大家都已经放下了防备之心。譬如，智能手机对人的异化就是一种无形间的习惯性塑造，摧毁了很多年轻人的生活意志，使得整日整夜玩智能手机成为常态。事实上，他们在没有玩智能手机之时，能够清楚地认识到这样一种行为是有害的，但是当这种行为发生时，他们就被习惯所麻痹了。对生活有所防备，是源于人们对生活的异化的危害性认识。不得不说，危害能让人时刻保持清醒，并督促人们反观自身目前所处的位置是否会成为危害的一部分。

为了不让人们在智能生活中被已“拥有的感觉所代替”，就有必要通过在智能体中嵌入危害预警机制或者强制干预机制，警醒长期沉浸于有害生活环境中的人们务必保持清醒的认识。譬如，智能手机的阅读软件，有一些服务提供商已经意识到这一点的重要性，开始在阅读的过程中嵌入预警机制，当用户长时间看着屏幕进行阅读时，超过一定的时间段，智能软件就会告诉人们应该休息一下等。同样的例子，在电影《流浪地球》中，每当人们要驾驶智能汽车出行的时候，交通服务系统都会给出“道路千万条，安全第一条，行车不规范，亲人两行泪”的警示语。事实证明，在智能产品中嵌入预警机制的服务能为人们的生活带来更多的福利。

智能体的伦理道德建构。为应对未来智能生活中那些可能会“失控”的智能生活产品，人们需要提前寻找应对的出路。智能体的失控主要是指智能生活产品不按照既定的生活服务程序为人类提供服务，甚至是伤害到人的情况。因此，我们需要从三个方面进行智能体的伦理道德建构，以防止智能生活产品“背叛”行为的发生：一是将伦理道德的代码嵌入智能体运行的全过程；二是嵌入违背伦理道德的自毁装置；三是规范和细化伦理道德的执行细则，完善智能体的伦理空间。

智能媒介传递生活正能量。正确认识智能生活的异化所带来的后果，是人们对抗生活异化的前提。通常来说，对异化的无知是致命的，因为对此根本没有任何准备和预判。所以，在未来的智能生活中，还需要继续丰富和完善智能生活的服务媒介，积极运用智能媒介生活服务系统为人们传递生活正能量，引导人们从积极的一面去认识生活和创造生活，因为美好的生活往往是人们的期待变成现实的结果——“皮格马利翁效应”。智能媒介还能为人们认清生活的本质提供条件，特别是在存在危害的领域，人们能够提前对此进行积极的认识和应对，从而引导人们在智能生活中走向阳光大道，而不用再碰壁智能生活的异化空间。

培养人的独立自主意识。苏格拉底说每个人要“认识你自己”，尼采说每个人要“成为你自己”。在今天看来，要想成为智能生活的主人，唯有“认识你自己”，才能“成为你自己”，才能在认识自己的过程中成为智能生活的主人。普罗泰戈拉说“人是万物的尺度”，也就是说，自己也是自己的尺度。凡事都有一个尺度，人们对智能生活的态度也是如此。在智能生活中的“人的尺度”，是一种生活哲学，一种适可而止的生活哲学，既不能沉溺于智能生活之中，也不能将智能生活“抛诸脑后”而回归原始生活。在智能生活中，人们要认识自己，最核心的就是要认识自己的“欲望”。“欲望无止境”的说法表明欲望对于人而言是一个深渊，如果不能正确把控，很容易坠入其中而不能自拔。在智能生活时代的生活欲望把客观上的“物质对人的支配”化为主观上“欲对人的支配”，使人沉醉于感官的享受和欲望的满足，不再有精神上的追求而日趋沉沦。如果我们不是仅仅按空间思维方式或把时间的观念空间化，放到时间的过程中来看，那么我们就不能只驻足于当下，而更需要认清方向。[①]

树立正确的价值与信仰。“人是一颗会思想的芦苇”，一个人的思想的伟大与渺小，决定了他在生活中的伟大与渺小，而人的思想的伟大源自正确的价值观念和坚定的社会信仰。在智能生活时代，人们的自由时间的支配不能没有正确的价值与信仰作为支撑，否则很容易沦为智能生活的牺牲品，而忘记人自身发展的目的与生活的本质。可以从如下几个方面引导未来的人们树立正确的生活价值观与生活信仰，从而为人们提供永不枯竭的生活动力：首先，要在社会生活领域，通过特定的方式让人们熟悉怎样的生活形态才是有价值的，并在有价值的生活模式中寻找生活的榜样，以便树立人们对智能生活的正确价值观；其次，加强营造有智能生活信仰的环境，鼓舞和感染人们为了共同的理想目标而奋斗；最后，人们要勤于将正确的价值与信仰作为生活的航向，将之执行于生活的细枝末节，而不仅仅是停留于人们的精神层面的某种高大上的东西。

智能新时代，迎接智能生活，展现的是人们的一种生活态度；拥抱智能生活，展现的是人们的一种生活情感；成为智能生活的主人，展现的是人们的一种生活能力。人的生活与动物的生活之所以不同，原因就在于人们对于生活有判断的能力。这种判断能力会驱使人们有意识地回避“动物性”的一面去生活，以一种全新的生活态度、生活情感和生活能力去认清智能生活的本质和意义，真正成为智能生活的主人。

① 王元骧. 论美与人的生存[M]. 杭州：浙江大学出版社，2010：204-205.